PYTHON × MATH SERIES

Pythonで理解する統計解析の基礎

STATISTICAL ANALYSIS WITH PYTHON

谷合廣紀 著　　辻 真吾 監修

技術評論社

[免責]

本書に記載された内容は，情報の提供のみを目的としています。したがって，本書を用いた運用は，必ずお客様自身の責任と判断によって行ってください。これらの情報の運用の結果について，技術評論社および著者はいかなる責任も負いません。

本書記載の情報は，2018年8月30日現在のものを掲載していますので，ご利用時には，変更されている場合もあります。

また，ソフトウェアに関する記述は，特に断わりのないかぎり，2018年8月30日現在での最新バージョンをもとにしています。ソフトウェアはバージョンアップされる場合があり，本書での説明とは機能内容や画面図などが異なってしまうこともあり得ます。本書ご購入の前に，必ずバージョン番号をご確認ください。

以上の注意事項をご承諾いただいた上で，本書をご利用願います。これらの注意事項をお読みいただかずに，お問い合わせいただいても，技術評論社および著者は対処しかねます。あらかじめ，ご承知おきください。

本文中に記載されている会社名，製品名等は，一般に，関係各社／団体の商標または登録商標です。本文中では®，©，™ などのマークは特に明記していません。

シリーズ刊行によせて

　縄文時代は、今から約1万5千年前から始まり、1万年以上続いたと考えられています。その間に、縄文土器の形は少し変化したかもしれませんが、人々は長い間あまり変化のない世界で生きていたと想像できます。一方、近代に目を向けると、その変化の速度は縄文時代とは比べものになりません。ガウス分布にその名を残すカール・ガウスが、最小二乗法に関する論文などを発表したのは、いまから約200年前です。あっという間に統計学は、情報が溢れ返る現代社会に欠かせない学問となりました。他のさまざまな分野でも同様のことが起きているので、私たちが学ばなければならないことは増える一方です。

　小学生の頃は、みかんの個数とリンゴの個数を例に足し算を学ぶと、身近にある具体例にすぐに適用できます。しかし数学は、学習が進むと抽象度がどんどん高まっていきます。ごく一部の数学の天才を除き、抽象的な概念をそのまま理解することは、かなり困難な作業です。

　増え続ける知識と、高まる抽象度の前に、数学の学習を諦めてしまいそうになりますが、私たちには強力な味方がいます。それが、コンピュータです。ネット上の断片的な情報は、すぐに探し出すことができるので、細かい事を覚える必要はありません。また、コンピュータは具体的なデータを使って、計算するのが得意です。データやパラメータを少し変更して、何度か計算すれば、そこから導き出された数学の高度な抽象概念が浮かび上がってくるはずです。

　何かを学ぶ時、どのような事柄を、どのような順番で学ぶかは重要です。順序がすこし違うだけで、学習にかかるコストが大きく変わってきます。本書は、著者のきめ細やかな配慮によって、統計解析の基礎を効率的に学べるように構成されています。

　高性能なコンピュータが、1人1台で使えるほど普及したのは、この20〜30年の出来事です。これほど恵まれた環境はありません。1人でも多くの方が、コンピュータの助けを借りて数学の理解を深めていただければ、まさに監修者冥利に尽きると言えます。

2018年8月　辻　真吾

はじめに | INTRODUCTION

　コンピュータ技術の発展した現代は情報化社会と呼ばれることがあります。身の回りのあらゆるものが電子化され、インターネットにつながり、膨大なデータが蓄積されています。このように蓄積されたデータを適切に扱うスキルは、ビジネスチャンスの拡大や科学技術の発展につながるためとても重要なものとなっています。そして、そのデータを扱う技術のもっとも基礎にあたるのが統計解析です。

　この本を手に取られた方は統計解析の重要さを少なからず意識している方だと思います。しかしながら、統計解析に関心が向いて、いざ書店で統計解析の本をとってみると、そこには確率や微分積分の数式がずらっと並んでいるわけです。もちろんしっかりと統計解析を理解するためにそれら数学の道具は必要不可欠なものですが、全体像も見えないままはじめから複雑な数式と戦うのは骨が折れます。

　本書では統計解析をこれから学びたいという方のために、統計解析の考え方や手法を実際にデータを解析していくことで、直感的に理解することを重要視しています。そして統計解析を行うツールとして Python の力を借りていきます。

　Python はシンプルで可読性の高いプログラミング言語です。面倒なコンパイルを行う必要がなく、結果を逐次確認しながら実行できるため、初心者でも理解しやすく、現在もっとも人気のある言語の 1 つとなっています。そのような簡潔さをもつ一方でパフォーマンスが劣っているということもなく、Web や機械学習などあらゆる分野において優れたライブラリが充実していることもあって、Google などの IT 企業を含め幅広い現場で使われています。統計解析においてもそれは例外でなく、複雑な計算やきれいなグラフの図示を簡潔なコードで実現できます。データを少しずつ加工して結果を確認しながら解析をすすめることができる Python は、まさしくデータ分析に向いた言語と言えます。

　統計解析の分野では、Python と比較して R というプログラミング言語がよく取り上げられます。読者の中にも統計を扱う言語といえば R が有名なのに、なぜ Python を使うのか？ と思われる方もいらっしゃるかもしれません。その理由を端的にいうのであれば、Python はより汎用的で強力な言語であるということです。確かに R は統計解析向きに開発されているプログラミング言語であるため、Python に比べてより簡単に強力な統計の解析手法を利用できることが多いです。しかしながら実際に統計解析が使われる場面というのは、Web スクレイピングによってネットから取得したデータの解析や、統計解析を行ってデータの様相を理解した上でディープラーニングで学習させるなど、一連のシステムの中に埋め込まれることが多いのではないでしょうか。そのようなシステムの中で統計解析に特化した R を使うとなると、他の言語で作られたアプリケーションとデータを行き来させる必要がどうしても生じてしまいます。一方 Python は統計解析のみならず Web

や機械学習など幅広い分野で使うことのできる汎用プログラミング言語であるため、このようなシステムを Python のみでシームレスに実装できるのです。

本書を通して Python で実際にデータを扱いながら統計解析を学ぶことで、データ解析の核となるイメージだけでなく実践的なデータ解析のスキルの習得につながることでしょう。

本書の構成

本書はデータの整理（1 章・2 章・3 章）と確率（4 章・5 章・6 章・7 章・8 章・9 章）と統計的推測（10 章・11 章・12 章）の 3 つのパートから構成されています。統計解析としてのメインは 10 章から 12 章で、9 章まではその準備といった位置づけです。

1 章では統計解析の対象となるデータについての基本的な用語やデータの分類について扱います。

2 章・3 章のデータの整理では、平均や分散といったデータを要約する値や、グラフに図示することでデータを視覚化する手法を扱います。特にデータの視覚化は、データのもつ傾向や性質を理解するための重要なツールとなるので、Python を使った図示の方法をしっかり押さえましょう。2 章では 1 次元のデータ、3 章では 2 次元のデータについての整理方法を扱います。

4 章から 9 章にかけては確率を扱っていきます。確率は統計解析をする上で避けては通れない数学です。なぜなら統計解析では手元に得られたデータ（標本）は観測対象（母集団）から確率的に得られたものと仮定しているからです。そして、標本から母集団がどんな分布になっているのかを推測することが、まさしく統計解析の目的となります。4 章では確率分布の基礎、5 章と 6 章では離散型の確率変数、7 章と 8 章では連続型の確率変数、9 章では実際に得られるデータと確率分布との橋渡しとなる独立同一分布について扱います。

10 章から 12 章にかけてがメインとなる統計解析についてです。10 章では母集団の平均といったパラメタを推定する統計的推定を扱います。11 章では母集団の平均などにある仮定をして、その仮定が正しいかを確かめる統計的仮説検定について扱います。12 章ではデータ間の因果関係を明らかにする回帰分析について扱います。

対象読者

本書の対象とする読者は

- Pythonを使った統計解析を勉強したい方
- Pythonの基礎は学んだけど次の一手が見えない方
- 統計解析に興味がある方
- 統計の勉強を始めたものの全体像が見えない方
- 機械学習やディープラーニングに触れたことがあるが、基礎からデータ分析を勉強し直したい方

といった方たちです。

本書はPythonの基本はわかるという方を対象にしていますが、Pythonを使ったことがないという方でも大丈夫です。サポートページにてPythonの導入方法や基本文法を説明していますし、ソースコードには適宜コメントが入れてあります。手を動かしながら学んでいくことで、Pythonの使い方も習得できることでしょう。

読み始める前に

執筆内容の環境

本書のコードは次の環境で実行できることを確認しています。

パッケージ名	バージョン
python	3.6.5
jupyter	1.0.0
ipython	6.2.1
notebook	5.5.0
numpy	1.14.3
pandas	0.23.0
matplotlib	2.2.2
statsmodels	0.9.0

サポートページ

本書で用いるコードやデータは以下のサポートページに公開されています。

https://github.com/ghmagazine/python_stat_sample

読み進める上で必要となるコードは本文中にすべて掲載してありますが、データについてはあらかじめダウンロードしてください。これらのデータは 3.3 節で使うデータ以外はすべて著者が作った架空のデータになっています。

ディレクトリ構造

　本書のコードは、Jupyter notebook とデータが次のようなディレクトリ階層になっていることを想定しています。

```
├ notebook/
└ data/
```

この階層構造を強制するわけではありませんが、もし違うファイル管理をされる場合は、適宜コードの `pd.read_csv()` や `np.load()` の引数を変更してください。

サンプルコード

　本書では統計解析の理解を助けるために、図表をインタラクティブに操作したり、アニメーションにするためのコードが多く用意されています。これらのコードは少し複雑なため本文中には掲載しておらず、サポートページに公開してあります。そのようなコードが存在する場合は、図のキャプションに SAMPLE CODE のマークがついています。

コードの出力

　本書のコードは Jupyter notebook の形式を模していて、コードの入力と対応する出力をそれぞれ次のように表記しています。

In [1]:
```
1 + 1
```

Out[1]:
```
2
```

　本来、Jupyter notebook では print 文などの出力は Out の中に出力されないのですが、本書では便宜上出力されるものはすべて Out の中に書きます。そのため、Jupyter notebook と本書で実行結果の見た目が異なる場合があることには気をつけてください。

目次 | CONTENTS

第 1 章 データについて   1
- 1.1 データの大きさ   4
- 1.2 変数の種類   4
  - 1.2.1 質的変数と量的変数   4
  - 1.2.2 尺度水準   5
  - 1.2.3 離散型変数と連続型変数   6
- 1.3 まとめ   6

第 2 章 1 次元データの整理   9
- 2.1 データの中心の指標   12
  - 2.1.1 平均値   12
  - 2.1.2 中央値   14
  - 2.1.3 最頻値   16
- 2.2 データのばらつきの指標   17
  - 2.2.1 分散と標準偏差   17
  - 2.2.2 範囲と四分位範囲   25
  - 2.2.3 データの指標のまとめ   27
- 2.3 データの正規化   27
  - 2.3.1 標準化   28
  - 2.3.2 偏差値   28
- 2.4 1 次元データの視覚化   29
  - 2.4.1 度数分布表   30
  - 2.4.2 ヒストグラム   34
  - 2.4.3 箱ひげ図   39

第 3 章 2 次元データの整理   41
- 3.1 2 つのデータの関係性の指標   43
  - 3.1.1 共分散   43
  - 3.1.2 相関係数   48
- 3.2 2 次元データの視覚化   51
  - 3.2.1 散布図   51
  - 3.2.2 回帰直線   53

	3.2.3 ヒートマップ	54
3.3	アンスコムの例	56

第 4 章 推測統計の基本　61

- 4.1 母集団と標本 63
  - 4.1.1 標本の抽出方法 63
- 4.2 確率モデル 67
  - 4.2.1 確率の基本 68
  - 4.2.2 確率分布 69
- 4.3 推測統計における確率 73
- 4.4 これから学ぶこと 77

第 5 章 離散型確率変数　79

- 5.1 1 次元の離散型確率変数 80
  - 5.1.1 1 次元の離散型確率変数の定義 81
  - 5.1.2 1 次元の離散型確率変数の指標 86
- 5.2 2 次元の離散型確率変数 91
  - 5.2.1 2 次元の離散型確率変数の定義 91
  - 5.2.2 2 次元の離散型確率変数の指標 97

第 6 章 代表的な離散型確率分布　103

- 6.1 ベルヌーイ分布 106
- 6.2 二項分布 110
- 6.3 幾何分布 114
- 6.4 ポアソン分布 118

第 7 章 連続型確率変数　123

- 7.1 1 次元の連続型確率変数 124
  - 7.1.1 1 次元の連続型確率変数の定義 125
  - 7.1.2 1 次元の連続型確率分布の指標 133
- 7.2 2 次元の連続型確率変数 137
  - 7.2.1 2 次元の連続型確率分布の定義 137
  - 7.2.2 2 次元の連続型確率変数の指標 142

第 8 章 代表的な連続型確率分布　149

- 8.1 正規分布 152

8.2	指数分布	161
8.3	カイ二乗分布	165
8.4	t 分布	169
8.5	F 分布	173

第 9 章　独立同一分布　　177

9.1	独立性	179
	9.1.1　独立性の定義	179
	9.1.2　独立性と無相関性	180
9.2	和の分布	183
	9.2.1　正規分布の和の分布	184
	9.2.2　ポアソン分布の和の分布	186
	9.2.3　ベルヌーイ分布の和の分布	189
9.3	標本平均の分布	191
	9.3.1　正規分布の標本平均の分布	192
	9.3.2　ポアソン分布の標本平均の分布	193
	9.3.3　中心極限定理	195
	9.3.4　大数の法則	197

第 10 章　統計的推定　　201

10.1	点推定	205
	10.1.1　母平均の点推定	205
	10.1.2　母分散の点推定	207
	10.1.3　点推定のまとめ	209
10.2	区間推定	210
	10.2.1　正規分布の母平均 (分散既知) の区間推定	210
	10.2.2　正規分布の母分散の区間推定	215
	10.2.3　正規分布の母平均 (母分散未知) の区間推定	220
	10.2.4　ベルヌーイ分布の母平均の区間推定	222
	10.2.5　ポアソン分布の母平均の信頼区間	225

第 11 章　統計的仮説検定　　227

11.1	統計的仮説検定とは	229
	11.1.1　統計的仮説検定の基本	229
	11.1.2　片側検定と両側検定	236

	11.1.3 仮説検定における 2 つの過誤	237
11.2	基本的な仮説検定	240
	11.2.1 正規分布の母平均の検定 (母分散既知)	240
	11.2.2 正規分布の母分散の検定	242
	11.2.3 正規分布の母平均の検定 (母分散未知)	243
11.3	2 標本問題に関する仮説検定	245
	11.3.1 対応のある t 検定	246
	11.3.2 対応のない t 検定	249
	11.3.3 ウィルコクソンの符号付き順位検定	251
	11.3.4 マン・ホイットニーの U 検定	257
	11.3.5 カイ二乗検定	261

第 12 章 回帰分析　　267

12.1	単回帰モデル	269
	12.1.1 回帰分析における仮説	271
	12.1.2 statsmodels による回帰分析	273
	12.1.3 回帰係数	274
12.2	重回帰モデル	282
	12.2.1 回帰係数	283
	12.2.2 ダミー変数	285
12.3	モデルの選択	286
	12.3.1 決定係数	289
	12.3.2 自由度調整済み決定係数	291
	12.3.3 F 検定	292
	12.3.4 最大対数尤度と AIC	293
12.4	モデルの妥当性	299
	12.4.1 正規性の検定	300
	12.4.2 ダービン・ワトソン比	301
	12.4.3 多重共線性	301

PYTHON×MATH SERIES

STATISTICAL ANALYSIS WITH PYTHON

CHAPTER

01

TITLE

データについて

統計解析はデータを扱い、データから意味を見出します。しかしながら一言でデータといっても身長の170.2cmといった数値や、アンケートの「とても満足」といったカテゴリなどがありデータの種類もさまざまです。直感的にも明らかなように、そのような数値のデータやカテゴリのデータなどを同一の手法で分析していくのは難しいことです。そのためデータの分析方法を学んでいく前に、本章ではデータそのものについて、統計解析における基本的な用語やデータの分類についてみていきます。

本章ではch1_sport_test.csvというcsvファイルに格納されている、スポーツテストの結果を例として説明していきます。このスポーツテストの結果を解析していくために、まずはcsvファイルをPythonで扱えるようにしなければなりません。そのために使うライブラリがPandasです。Pandasは表データを処理することに特化した、統計解析において重要なライブラリの1つです。

In [1]:

```python
# Pandas を pd という名前でインポートする
import pandas as pd
```

Pandasの`read_csv`関数を使うことでcsvファイルを読み込むことができます。この関数は読み込んだデータをPandasの`DataFrame`というデータ構造で返します。

In [2]:

```python
# 生徒番号をインデックスとして csv ファイルを読み込み、変数 df に格納
df = pd.read_csv('../data/ch1_sport_test.csv',
                 index_col='生徒番号')
# 変数 df を表示
df
```

Out[2]:

生徒番号	学年	握力	上体起こし	点数	順位
1	1	40.2	34	15	4
2	1	34.2	14	7	10
3	1	28.8	27	11	7
4	2	39.0	27	14	5

5	2	50.9	32	17	2
6	2	36.5	20	9	9
7	3	36.6	31	13	6
8	3	49.2	37	18	1
9	3	26.0	28	10	8
10	3	47.4	32	16	3

　スポーツテストの結果をDataFrameとして読み込むことができました。このスポーツテストの結果には生徒番号、学年、握力、上体起こし、点数、順位といった項目があり、それが10人分あることが見て取れます。

　Pandasの操作に慣れるために、DataFrameから握力の列を抽出してみましょう。

In [3]:

```
df['握力']
```

Out[3]:

```
生徒番号
1     40.2
2     34.2
3     28.8
4     39.0
5     50.9
6     36.5
7     36.6
8     49.2
9     26.0
10    47.4
Name: 握力, dtype: float64
```

　このように名前を指定することで簡単に特定の列を抽出できます。ただし、この場合返ってくるものはDataFrameではなくSeriesというデータ構造です。DataFrameは2次元の表データのためのデータ構造でしたが、Seriesはその1次元版のデータ構造になっています。

1.1 データの大きさ

データが与えられたとき、最初に確認したいことはデータの大きさです。DataFrame の大きさは shape というインスタンス変数を参照することでわかります。

In [4]:
```
df.shape
```

Out[4]:
```
(10, 5)
```

一般に shape を参照してわかる出力の 1 番目がデータの数、2 番目が変数の数です。データベースであれば、それぞれレコード数、カラム数と呼ばれるものです。今回の場合はデータの数が 10、変数の数が 5 ということがわかりました。

ここで変数とは、学年や握力といった計測の対象を指します。このデータの例であれば変数は 5 つあるため、5 変数または 5 次元であるといえます。なお、生徒番号はインデックスに使われているためカウントされていませんが、生徒番号も立派な変数の 1 つです。

統計解析では、まず 1 変数ずつどのような特徴を持っているか見ていき、次に変数間の関係性を調べていきます。具体的な方法については、2 章と 3 章で解説していきます。

1.2 変数の種類

一言に変数といってもそれがもつ性質によって、さまざまな種類に分類できます。

1.2.1 質的変数と量的変数

変数は質的変数と量的変数の 2 つに大きく分類できます。**質的変数**とはアンケートの満足度などにある

1. とてもよい 2. よい 3. 普通 4. 悪い 5. とても悪い

といった選択肢や、血液型の

A 型 B 型 O 型 AB 型

といった種類を区別するような変数のことです。質的変数の中でも特に男性と女性、喫煙

習慣の有無といった2種類の値しかとらない質的変数は**2値変数**と呼ばれることがあります。

一方で、テストの点数や身長といった量を表現する変数のことを**量的変数**といいます。

1つ注意したいことは、男性や女性といった量的変数であっても処理しやすくするため、データ上では男性は0、女性は1のように数字のデータとなっていることがあるという点です。すなわち、数値の変数であっても量的変数とは限りません。

1.2.2 尺度水準

質的変数は**名義尺度**と**順序尺度**、量的変数は**間隔尺度**と**比例尺度**にさらに細かく分類できます。これら名義尺度・順序尺度・間隔尺度・比例尺度の4つのことを**尺度水準**といいます。

■**名義尺度**　名義尺度は単に分類するための変数です。例として生徒番号や電話番号、性別などがあります。名義尺度の目的は区別することにあるため、等しいかどうかにのみ意味があります。たとえば、生徒番号4と生徒番号8の大小関係に意味はありませんし、その和や差を計算しても意味のある結果は得られません。ましてやその比、$8 \div 4 = 2$ にも意味はありません。

■**順序尺度**　順序尺度は、順序関係や大小関係に意味のある変数です。例として成績の順位、アンケートの満足度などがあります。順位であれば4位より8位のほうが順位が低いといった大小関係には意味がありますが、4位と8位の差は8位と12位の差と同じくらいといった比較することはできませんし、4位は8位の2倍出来がいいといったことを主張することもできません。

■**間隔尺度**　間隔尺度は大小関係に加え、差に意味がある変数です。例として西暦や温度が挙げられます。温度であれば30℃と60℃では60℃のほうが温度が高いという大小関係や、その差にあたる30℃という数値にも意味があります。しかしながら、60℃は30℃と比べて温度が2倍高いということはできません。

■**比例尺度**　比例尺度は大小関係、差、比すべてに意味がある変数です。例として長さや重さなどがあります。たとえば長さであれば、50cmと100cmの差が50cmということも、100cmは50cmの倍ということにも意味があります。

間隔尺度と比例尺度は似ているため、区別するのが難しいときがあります。見分けるコツとしては、0が絶対的な無を表すかどうかを考えることです。長さであれば0cmは長さがないことを表しますが、0℃は温度がないわけではありません。

尺度水準についてまとめると表 1.2 のようになります。

表 1.2: 尺度水準

尺度	例	大小比較	差	比
名義尺度	生徒番号	x	x	x
順序尺度	成績の順位	o	x	x
間隔尺度	気温	o	o	x
比例尺度	身長	o	o	o

1.2.3　離散型変数と連続型変数

変数は質的・量的とは別に、**離散型・連続型**という切り口で分類することもあります。

離散型とは、$0, 1, 2, \ldots$ といったとびとびの値をとり、隣り合う数字の間には値が存在しないことをいいます。たとえばサイコロの出目は $1, 2, 3, 4, 5, 6$ といった値をとり、1.3 といった半端な値をとることはないため離散型変数に分類されます。また、学校を休んだ回数や欠席している人数といった計数も離散型変数です。

一方で連続型の変数とは、連続の値をとることができる変数のことで、どんな 2 つの数字の間にも必ず数字が存在します。長さや重さ、時間などは代表的な連続変数です。

実際に扱うデータは連続変数であっても測定精度が有限であるため、とりうる値はとびとびになってしまうことには気をつける必要があります。たとえば、身長を小数第 1 位までの精度で計測すると、170.3cm と 170.4cm の間には数字が存在しないため、厳密にいえば離散型変数に分類されてしまいます。このような測定精度の問題で離散型になってしまう変数は、多くの場合連続型変数として扱われます。

1.3　まとめ

スポーツテストの例における変数がどれに分類されるか考えてみましょう。まず生徒番号ですが、インデックスに使われていることからもわかるように、生徒を識別することが目的であり、その大小関係には意味がありません。そのため、生徒番号は名義尺度に分類されます。

次に学年はどうでしょう。学年は大小関係はもちろんのこと、その差にも意味がありますが、その比は意味をもたないため、間隔尺度に分類されます。また、学年は $1, 2, 3$ といったとびとびの値をとるため離散型です。

握力は量的変数であることは明らかですが、間隔尺度と比例尺度どちらに分類されるで

しょうか。こういうときは0が絶対的な無を表すかどうかを考えるのでした。握力0kgを考えると、それは握力が全くないことを表していることがわかります。そのため握力は比例尺度で、連続型の変数です。

上体起こしも同様に0回は全くできなかったことを表しているため比例尺度に分類されます。ただし握力とは異なり上体起こしは1回、2回と回数を数えるため離散型の変数です。

点数も比例尺度ですが、離散型か連続型かの判断は難しいところです。点数は整数値のみをとるため見た目は明らかに離散型ですが、測定精度の問題で離散型になっている連続型という見方もできます。明確な基準があるわけではないのですが、一般に点数は連続型変数に分類されることが多いようです。

順位はその順序にだけ意味のある指標ですので順序尺度に分類され、離散型の変数です。

データの大きさはPandasによって簡単にわかりますが、変数の分類はその変数がどのような性質を持っているかという知識に依存してしまうため、分析者が判断する必要があります。変数の分類は意外と難しいですが、徐々に慣れていきましょう。

第1章 データについて

PYTHON×MATH SERIES

STATISTICAL ANALYSIS WITH PYTHON

CHAPTER

02

TITLE

1次元データの整理

統計解析をはじめる上で第一歩となるのが、データを整理してデータがどのような特徴を持っているのか大雑把につかむことです。データの概要を把握することで、数多くある統計解析の手法の中から適切な次の一歩を選択できるようになります。

データの特徴をつかむための方法としては大きく2つあり、1つは平均や分散といった数値の指標によってデータを要約する方法、そしてもう1つが図示することで視覚的にデータを俯瞰する方法です。2章と3章では、そのようなデータを整理する方法を見ていきます。対象とするデータには、50人の学生の数学と英語のテストの点数を使います。テストの点数というのは学生の頃はいやでも隣り合わせの存在ですので、もっともなじみのあるデータの1つといえるのではないでしょうか。

本章ではそのなかでも英語のテストの点数のみを使います。すなわち1人の生徒に対して1つの点数が対応している1次元のデータです。まず2.1節から2.3節にかけて1次元のデータの特徴を表す数値の指標を学んでいきます。ここでは平均というなじみ深い指標からスタートし、テストの点数でよく使われる偏差値をゴールに進んでいきます。そして2.4節ではデータを視覚的に俯瞰できるように図示する方法について触れていきます。Pythonを使い始めて間もない方はきれいなグラフが簡単に書けることに驚くでしょう。

本題に入る前に、ライブラリとデータを準備しておきます。本章では1章で使ったPandasの他に、NumPyというライブラリも使います。NumPyは数値計算に特化したライブラリで、Pandasに並び統計解析には必要不可欠です。

それではNumPyとPandasをインポートしましょう。結果が見やすくなるように、表示される桁数が小数点以下3桁になる設定もしておきます[*1]。

In [1]:
```
import numpy as np
import pandas as pd

# Jupyter Notebook の出力を小数点以下 3 桁に抑える
%precision 3
# Dataframe の出力を小数点以下 3 桁に抑える
pd.set_option('precision', 3)
```

[*1] %precision 3 は ipython のバージョンによってはうまく動かないことがあります。その場合はサポートページを参考にして適切なバージョンをインストールしてください。

本章で使うデータは ch2_scores_em.csv です。ch2_scores_em.csv には 2 章と 3 章で使う 50 人の学生の数学と英語のテストの点数が入っています。

In [2]:
```
df = pd.read_csv('../data/ch2_scores_em.csv',
                 index_col='生徒番号')
# df の最初の 5 行を表示
df.head()
```

Out[2]:

生徒番号	英語	数学
1	42	65
2	69	80
3	56	63
4	41	63
5	57	76

2.1 節から 2.3 節では生徒番号順で最初の 10 人の英語の点数を使います。このデータを NumPy で計算するために、NumPy の array というデータ構造にして scores という名前で保存しましょう。array は数値計算に強い高機能な多次元配列です。

In [3]:
```
scores = np.array(df['英語'])[:10]
scores
```

Out[3]:
```
array([42, 69, 56, 41, 57, 48, 65, 49, 65, 58])
```

同様に scores_df という名前で Pandas の DataFrame を作ります。DataFrame には 10 人の生徒それぞれに、A さん B さん…と名前をつけておきます。

```
In [4]:
scores_df = pd.DataFrame({'点数':scores},
                         index=pd.Index(['A', 'B', 'C', 'D', 'E',
                                         'F', 'G', 'H', 'I', 'J'],
                                        name='生徒'))
scores_df
```

Out[4]:

生徒	点数
A	42
B	69
C	56
D	41
E	57
F	48
G	65
H	49
I	65
J	58

2.1 データの中心の指標

最初のテーマとなるのは、データの中心を表す指標です。これは**代表値**とも呼ばれ、データを1つの値で要約するならばこれ、といった指標です。たとえばあるテストがどのくらいの難易度だったかというのは、全員のテストの点を確認せずとも平均点を知るだけでおおよそわかります。平均点が30点であれば今回のテストは難しかった、平均点が90点であれば今回のテストは簡単だったといった具合です。

2.1.1 平均値

平均値 (mean) はもっとも有名な代表値で、日常的にも使う機会が多いと思います。平

均値はデータをすべて足しあわせて、データの数で割ることで求まります。テストの点数の平均値を求めてみましょう。電卓や手計算で

$$(42 + 69 + 56 + 41 + 57 + 48 + 65 + 49 + 65 + 58)/10 = 55$$

とすれば求まりますが、Pythonでは簡単に書き表せます。

In [5]:
```
sum(scores) / len(scores)
```

Out[5]:
```
55.000
```

Pythonを使えばこんなに簡単に書ける！といいたいところですが、NumPyの関数を使うことでもっと簡単に求めることができます。

In [6]:
```
np.mean(scores)
```

Out[6]:
```
55.000
```

Dataframeではmeanメソッドを使って求めることができます。ここでは実行しませんが、Seriesでも同様にmeanメソッドによって平均を求めることができます。

In [7]:
```
scores_df.mean()
```

Out[7]:
```
点数    55.0
dtype: float64
```

NumPyのarrayにもmeanメソッドはあるため、scores.mean()で平均を求めることもできますが、本章ではNumPyの関数を使うことで統一します。一方でPandasにはpd.mean()といった関数はないため、DataFrameやSeriesのメソッドを使います。これから説明していく他の指標についても同様です。

NumPyやPandasの関数名は統計用語の英語そのまま、または略称であることがほとんどなので、主要な統計用語は英語も一緒に覚えることをおすすめします。また、英単語を覚えていると変数に名前をつけるときにあまり困らないというメリットもあります。

最後に平均を数式で書き表します。平均はシグマ記号を使うことで簡単に書けます。シグマ記号はデータを扱う上で非常に重要ですので、苦手意識のある方はここから少しずつ慣らしていきましょう。

$$\overline{x} = \frac{1}{n}\sum_{i=1}^{n} x_i = \frac{1}{n}(x_1 + x_2 + \cdots + x_n)$$

データの平均には $\overline{x}$ という表記がよく使われ、エックスバーと読みます。ここでの例に当てはめれば $n = 10, x_1 = 42, x_2 = 69, x_3 = 56, \ldots$ です。Pythonの記述とは `sum(scores)` が $\sum_{i=1}^{n} x_i$ に、`len(scores)` が n に対応しています。

2.1.2 中央値

中央値 (median) はデータを大きさの順に並べたときにちょうど中央に位置する値のことです。たとえば [9, 1, 5, 3, 7] というデータであれば、中央値は3番目に大きい5になります。

中央値は平均値に比べて、外れ値に強いという性質をもちます。例として [1, 2, 3, 4, 5, 6, 1000] という大きな外れ値を持ったデータを考えましょう。このデータの代表値を求めようとしたとき、平均値は1000という値に大きく引っ張られて150近い値になってしまいます。150という数値はあまり適切にデータを表現しているとは思えません。それでは中央値はどうでしょう。データの数が7つなので4番目に大きい値4が中央値になります。このように大きな外れ値がある場合、データの代表値として平均値よりも中央値が適しています。

中央値はデータを大きさの順に並べたときにちょうど中央に位置する値というものでしたが、データの数が偶数のときは中央に位置する値が2つ出てしまいます。[1, 2, 3, 4, 5, 6] というデータを考えてみましょう。このデータの中央に位置する値は3と4の2つが該当しています。この場合、中央値はそれら2つの値の平均値と定義され、このデータの中央値は3.5になります。

これらをまとめると中央値の定義は

- データ数 n が奇数なら、$(n+1)/2$ 番目のデータが中央値

- データ数 n が偶数なら、$n/2$ 番目のデータと $n/2 + 1$ 番目のデータの平均が中央値

となります。

それでは点数の中央値を求めてみましょう。まず点数を大きさの順番に並べる必要があります。並び替えには `np.sort` が使えます。

In [8]:
```python
sorted_scores = np.sort(scores)
sorted_scores
```

Out[8]:
```
array([41, 42, 48, 49, 56, 57, 58, 65, 65, 69])
```

あとは中央値の定義をコードに落とすだけです。Python のリストのインデックスが 0 はじまりのため、前述した定義とは 1 ずれていることに注意してください。

In [9]:
```python
n = len(sorted_scores)
if n % 2 == 0:
    m0 = sorted_scores[n//2 - 1]
    m1 = sorted_scores[n//2]
    median = (m0 + m1) / 2
else:
    median = sorted_scores[(n+1)//2 - 1]
median
```

Out[9]:
```
56.500
```

NumPy には `median` 関数が実装されているので簡単に計算できます。

In [10]:
```python
np.median(scores)
```

Out[10]:
```
56.500
```

DataFrame や Series の場合は、`median` メソッドで求めることができます。

In [11]:

```
scores_df.median()
```

Out[11]:

```
点数    56.5
dtype: float64
```

2.1.3 最頻値

最頻値 (mode) はデータの中で最も多く出現する値のことです。[1, 1, 1, 2, 2, 3] というデータであれば、1 がもっとも多く出現しているので最頻値は 1 になります。

最頻値は DataFrame や Series の mode メソッドを使って求めることができます。

In [12]:

```
pd.Series([1, 1, 1, 2, 2, 3]).mode()
```

Out[12]:

```
0    1
dtype: int64
```

最頻値は基本的には質的データの代表値を求めるときに使う指標です。というのも、テストの点数のような量的データについて最頻値を求めようとしても、全く同じ点数が何回も出ていることはあまりなく、一意に定まらないことが多いからです。たとえば [1, 2, 3, 4, 5] というデータではすべての値が最頻値になってしまいます。

In [13]:

```
pd.Series([1, 2, 3, 4, 5]).mode()
```

Out[13]:

```
0    1
1    2
2    3
3    4
```

```
4    5
dtype: int64
```

ただし度数分布表を導入することで、量的データについても最頻値を自然に定義できます。これについては 2.4 節で説明します。

2.2 データのばらつきの指標

次にテーマとなるのはデータのばらつきを表す指標です。平均値や中央値によって、データを代表する値を得る方法はわかりました。しかしクラス全員が 50 点をとったテストと、クラスの半分が 0 点をとり残り半分が 100 点をとったテストとでは、全く異なるテストの結果ですがどちらも平均点と中央値はともに 50 点となってしまいます。前者は個人個人で点数のばらつきがなく、後者のテストでは点数のばらつきがものすごいという印象を受けると思いますが、このようなデータのばらつきを数値で表現するためにはどうすればよいのでしょうか。

2.2.1 分散と標準偏差

■偏差　ばらつきを求めるための第一歩は**偏差** (deviation) です。偏差は各データが平均からどれだけ離れているかを表す指標です。たとえば A さんの点数は 42 点で 10 人の平均点は 55 点でしたので、A さんの偏差は $42 - 55$ で -13 点となります。NumPy にはブロードキャストという機能があるので、次のように書くことで各生徒の偏差を求めることができます。

In [14]:
```python
mean = np.mean(scores)
deviation = scores - mean
deviation
```

Out[14]:
```
array([-13.,  14.,   1., -14.,   2.,  -7.,  10.,  -6.,  10.,   3.])
```

これを図示したのが図 2.1 になります。青色の点が平均、黒色の点が各生徒の点数、そして青色の直線が各生徒の偏差を表しています。

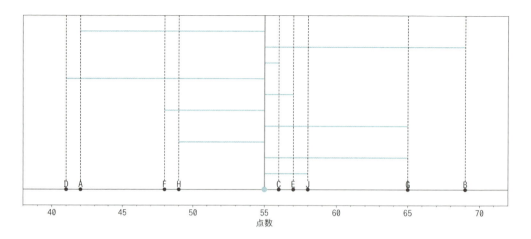

図 2.1: scores の偏差

ここで彼ら 10 人が受けた別のテストの点数が [50, 60, 58, 54, 51, 56, 57, 53, 52, 59] だったとします。平均点は同じく 55 点です。

In [15]:
```
another_scores = [50, 60, 58, 54, 51, 56, 57, 53, 52, 59]
another_mean = np.mean(another_scores)
another_deviation = another_scores - another_mean
another_deviation
```

Out[15]:
```
array([-5.,  5.,  3., -1., -4.,  1.,  2., -2., -3.,  4.])
```

このテストの偏差を同様に図示すると図 2.2 のようになります。

図 2.1 と図 2.2 を見比べると、scores のほうがより点数にばらつきがあるように見えます。そしてその偏差も scores のほうが全体的に大きな値となっています。どうやらばらつきの指標は偏差を使うことで表現できそうです。

とはいえ偏差が 10 人分出てしまっていてはわかりづらいので、1 つの値にまとめてしまいたいところです。偏差の代表値として平均をとってみるのはどうでしょう。

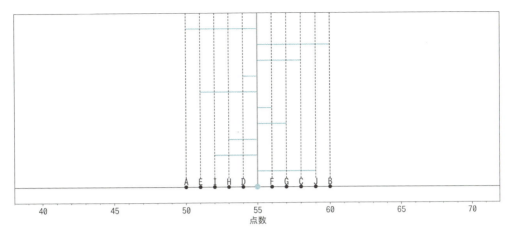

図 2.2: another_scores の偏差

In [16]:
```
np.mean(deviation)
```

Out[16]:

0.000

scores の偏差平均は 0 となりました。では、another_scores はどうでしょう。

In [17]:
```
np.mean(another_deviation)
```

Out[17]:

0.000

こちらも 0 になってしまいました。これでは比べようがありません。

実は偏差の平均は常に 0 になります。平均を $\overline{x}$ と書くと i 番目の点数の偏差は $x_i - \overline{x}$ となるため、その平均は次のように計算できます。

$$\frac{1}{n}\sum_{i=1}^{n}(x_i - \overline{x}) = \frac{1}{n}\sum_{i=1}^{n}x_i - \frac{1}{n}\sum_{i=1}^{n}\overline{x}$$
$$= \overline{x} - \overline{x}$$
$$= 0$$

少し複雑になってきたので、DataFrame を使ってまとめておきます。

In [18]:
```
summary_df = scores_df.copy()
summary_df['偏差'] = deviation
summary_df
```

Out[18]:

生徒	点数	偏差
A	42	-13.0
B	69	14.0
C	56	1.0
D	41	-14.0
E	57	2.0
F	48	-7.0
G	65	10.0
H	49	-6.0
I	65	10.0
J	58	3.0

In [19]:
```
summary_df.mean()
```

Out[19]:
```
点数    55.0
偏差     0.0
dtype: float64
```

■**分散**　ばらつきの指標として各データの平均との差である偏差を利用するのは良さそうなアイデアでしたが、偏差の平均は常に 0 になってしまうためうまくいきませんでした。

では、どうするのがよいでしょう。そもそもばらつきという意味では、B さんと D さんはどちらも平均から 14 点離れていて同程度のばらつきをもっているといえそうです。そ

のため平均より 14 点高くても 14 点低くても同じような扱いができる偏差の二乗を考えます[*2]。そして、その平均として定義される指標が**分散** (variance) になります。

それでは分散を定義に従って計算してみましょう。

In [20]:
```
np.mean(deviation ** 2)
```

Out[20]:
```
86.000
```

NumPy では var という関数で計算できます。

In [21]:
```
np.var(scores)
```

Out[21]:
```
86.000
```

数式の定義どおり計算した結果と同じになりました。`DataFrame` や `Series` にも分散を計算するための var メソッドがあるのですが、少し問題があります。

In [22]:
```
scores_df.var()
```

Out[22]:
```
点数    95.556
dtype: float64
```

悲しいことに Pandas で計算される分散は違う値になってしまうのです。バグを疑いたくなるところですが、そうではありません。実は分散には標本分散と不偏分散の 2 種類があり、NumPy と Pandas とではそれぞれ違う分散を計算しているのです。本章で説明する分散は標本分散と呼ばれるもので、NumPy のデフォルトはこちらを計算します。一方、Pandas のデフォルトとなっているのは不偏分散と呼ばれるものです。不偏分散は推測統

[*2] なぜ偏差の絶対値の平均ではダメなのか、と思われる方もいらっしゃるかもしれません。確かに偏差の絶対値の平均もばらつきの指標になるのですが、二乗の平均に比べて扱いづらいためあまり使われません。

計において非常に重要な役割をもつ指標ですが、少しややこしいため 10 章で説明することにします。

Pandas で標本分散を計算したいときは、var メソッドの引数で ddof=0 を与えるだけです。不偏分散は ddof=1 のときに該当します。NumPy の var 関数にも ddof の引数をとることができ、同様の挙動になります。NumPy と Pandas でデフォルトの動作が異なるのは混乱するため、分散を計算するときは常に ddof 引数を指定して、どちらの分散を計算するのか明示しておくことをおすすめします。

summary_df に偏差二乗の列を追加しておきましょう。

In [23]:

```
summary_df['偏差二乗'] = np.square(deviation)
summary_df
```

Out[23]:

生徒	点数	偏差	偏差二乗
A	42	-13.0	169.0
B	69	14.0	196.0
C	56	1.0	1.0
D	41	-14.0	196.0
E	57	2.0	4.0
F	48	-7.0	49.0
G	65	10.0	100.0
H	49	-6.0	36.0
I	65	10.0	100.0
J	58	3.0	9.0

In [24]:

```
summary_df.mean()
```

```
Out[24]:

    点数      55.0
    偏差       0.0
    偏差二乗   86.0
    dtype: float64
```

分散を数式で表してみましょう。記号には S^2 という表記がよく使われます。

$$S^2 = \frac{1}{n}\sum_{i=1}^{n}(x_i - \overline{x})^2 = \frac{1}{n}\{(x_1-\overline{x})^2 + (x_2-\overline{x})^2 + \cdots + (x_n-\overline{x})^2\}$$

分散の別のイメージとして面積の平均という考え方もあります。というのも偏差二乗は一辺の長さが偏差の正方形の面積と考えることができるからです。分散はそれら偏差の正方形の面積の平均にあたります。一見変わった解釈ではあるのですが、このイメージをもつことで3章で説明する共分散も理解しやすくなると思います。

図 2.3 では中央の縦線と横線が ABCD4 人の平均点で、ABCD の文字がそれぞれのテストの点を表しています。偏差は平均との差なので、それぞれの灰色の正方形が偏差二乗を表すことがわかります。それら正方形の平均が中央の青色の正方形になっており、この面積が分散となっています。公開してある notebook ではこの図を動かすことができるので、ぜひ手で動かして平均と分散がどう変化するか確認してみてください。

■標準偏差　平均の単位はもとのデータと変わらず、今回のようなテストの点数であれば平均も点数という単位を持っています。つまり平均は 55 点と表現できます。しかしながら分散は点数の面積で表すことができることからわかるように、点数の二乗というよくわからない単位を持っています。今回の点数の分散は 86 点^2 でしたといわれても、全くピンと来ません。

そのため、もとのデータと同じ単位を持ったばらつきの指標もあると助かります。そのようなばらつきの指標として分散のルートをとった**標準偏差 (standard deviation)** が使われます。

$$S = \sqrt{S^2} = \sqrt{\frac{1}{n}\sum_{i=1}^{n}(x_i - \overline{x})^2}$$

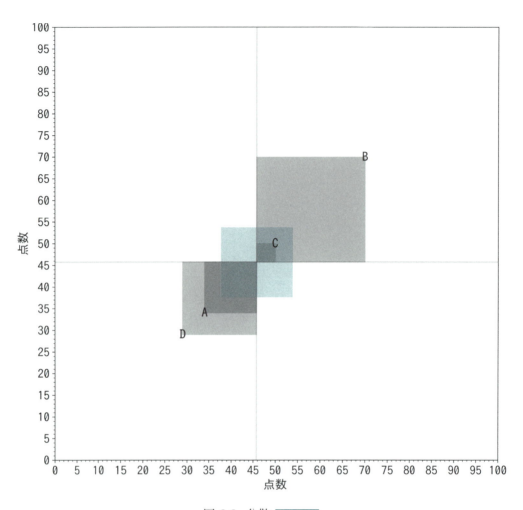

図 2.3: 分散 SAMPLE CODE

分散のルートをとればよいので、np.var と np.sqrt を使って計算できます。

In [25]:

```
np.sqrt(np.var(scores, ddof=0))
```

Out[25]:

9.274

NumPy の std という関数でも計算できます。std も var と同じように ddof 引数をとり、同様の挙動を示します。たとえば ddof=0 にすると標本分散のルートをとったものが

出力されます。DataFrame や Series も同様です。

In [26]:
```
np.std(scores, ddof=0)
```

Out[26]:
```
9.274
```

標準偏差はもとのデータと同じ単位をもつため、同じ次元に図示できます。図 2.4 では、図 2.1 で示した偏差の図に標準偏差が表す領域を図示したものになっています。一番濃い青色の領域が平均 ± 標準偏差の区間、次に濃い青色の領域が平均 ±2 標準偏差の区間、一番薄い青色の領域が平均 ±3 標準偏差の区間です。このような区間のことを **1 シグマ区間**、**2 シグマ区間**、**3 シグマ区間** といった呼び方をします。

この図も公開してある notebook では動かすことができます。ぜひ動かして標準偏差がどのように変化するかのイメージを固めましょう。

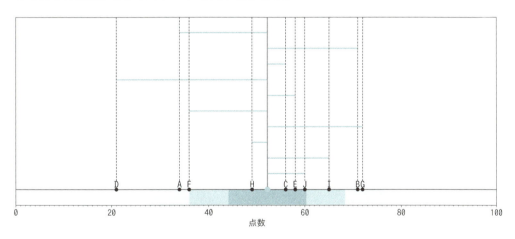

図 2.4: 標準偏差 `SAMPLE CODE`

2.2.2 範囲と四分位範囲

■**範囲**　範囲 (range) は分散や標準偏差とは異なり、データ全体を見るのではなく、データの最大値と最小値だけでばらつきを表現する方法です。最大値と最小値の差が大きければばらつきが大きく、差が小さければばらつきも小さいという考え方です。簡単に計算できますが、2 つの値しか見ないためやや大雑把な指標であり、外れ値に弱いといえます。

数式と Python を使った実装は次のようになります。

$$Rg = x_{max} - x_{min}$$

In [27]:
```
np.max(scores) - np.min(scores)
```

Out[27]:
```
28
```

■**四分位範囲** 範囲は最大値と最小値しか見ないため、大きな外れ値が1つでもあると範囲も大きく変化してしまいます。ですので最大値と最小値ではなく、データの上位数%に位置する値と下位数%に位置する値の差をとるという方法が考えられます。

特に**四分位範囲** (interquartile range) ではデータの下位25%、50%、75%に位置する値に注目します。それらを第1四分位点、第2四分位点、第3四分位点といい $Q1$、$Q2$、$Q3$ で表します。そして $Q3 - Q1$ を四分位範囲 IQR として定義します。

$$IQR = Q3 - Q1$$

scores の IQR を求めてみましょう。データの25%点などは NumPy の percentile という関数で求めることができます。

In [28]:
```
scores_Q1 = np.percentile(scores, 25)
scores_Q3 = np.percentile(scores, 75)
scores_IQR = scores_Q3 - scores_Q1
scores_IQR
```

Out[28]:
```
15.000
```

IQR を求める際には使わなかった $Q2$ ですが、これは中央値に一致します。分散は平均に対して定義されるばらつきの指標でしたが、IQR は中央値に対して定義されるばらつきの指標と解釈できます。

$Q1$、$Q2$、$Q3$ や IQR は 2.4 節で説明する箱ひげ図という図示方法でも使います。

2.2.3 データの指標のまとめ

DataframeやSeriesにはdescribeという、ここまで扱ってきたさまざまな指標を一度に求めることができる便利なメソッドがあります。データが与えられたら、とりあえずdescribeを使って大雑把に概要をつかんでみるといいかもしれません。

In [29]:
```
pd.Series(scores).describe()
```

Out[29]:
```
count    10.000
mean     55.000
std       9.775
min      41.000
25%      48.250
50%      56.500
75%      63.250
max      69.000
dtype: float64
```

2.3 データの正規化

テストの点数は同じ60点であっても、平均点が30点の難しいテストでとった60点と、平均点が80点の簡単なテストでとった60点とでは相対的な出来が異なります。点数という指標はそのテストの平均や分散によって評価が変わってしまうのです。そのため、平均や分散に依存せずにデータの相対的な位置関係がわかる指標があると便利です。

そのような指標で有名なものに偏差値があります。偏差値は平均や分散がなんであろうと、50なら平均的な出来で、60なら上位の出来といったように統一的な評価をすることができます。このように、データを統一的な指標に変換することを**正規化 (normalization)**といいます。正規化はさまざまなデータを同じように扱うことができるため、データを解析するときの常套手段になっています。特に、このあと説明する標準化は4章以降で扱う推測統計においてとても重要なので、しっかり押さえましょう。

2.3.1 標準化

データから平均を引き、標準偏差で割る操作を**標準化 (standardization)** といい、標準化されたデータを**基準化変量 (standardized data)** や **Z スコア (z-score)** といいます。各データ x_i を標準化した z_i を数式で表すと次のようになります。

$$z_i = \frac{x_i - \overline{x}}{S}$$

テストの点数を標準化してみましょう。

In [30]:
```
z = (scores - np.mean(scores)) / np.std(scores)
z
```

Out[30]:
```
array([-1.402,  1.51 ,  0.108, -1.51 ,  0.216,
       -0.755,  1.078, -0.647,  1.078,  0.323])
```

標準化されたデータは平均が 0 で標準偏差が 1 になります。

In [31]:
```
np.mean(z), np.std(z, ddof=0)
```

Out[31]:
```
(-0.000, 1.000)
```

データと同じ単位をもつ標準偏差で除算していることから、標準化されたデータは点数のような単位をもたないことには気をつけましょう。

2.3.2 偏差値

偏差値は平均が 50、標準偏差が 10 になるように正規化した値のことをいいます。数式で表すと次のようになります。

$$z_i = 50 + 10 \times \frac{x_i - \overline{x}}{S}$$

scores のデータを使って各生徒の偏差値を計算してみましょう。

In [32]:
```
z = 50 + 10 * (scores - np.mean(scores)) / np.std(scores)
```

Out[32]:
```
array([35.982, 65.097, 51.078, 34.903, 52.157,
       42.452, 60.783, 43.53 , 60.783, 53.235])
```

DataFrameにまとめて、点数と偏差値の関係を見てみましょう。

In [33]:
```
scores_df['偏差値'] = z
scores_df
```

Out[33]:

生徒	点数	偏差値
A	42	35.982
B	69	65.097
C	56	51.078
D	41	34.903
E	57	52.157
F	48	42.452
G	65	60.783
H	49	43.530
I	65	60.783
J	58	53.235

偏差値という指標にすることで、どの生徒が平均的な出来でどの生徒が優秀な成績をとっているかといったことが一目でわかるようになりました。

2.4　1次元データの視覚化

ここまではクラスの中の10人の英語の点数を使って、さまざまなデータの指標を学んで

きました。本節では 50 人全員の英語の点数を使って、データを表や図にすることでデータの特徴や分布を視覚的につかんでいく方法を学んでいきます。

はじめに 50 人分の英語の点数の array を作り、Series の describe メソッドを使い主な指標について確認しておきます。

In [34]:
```
# 50 人分の英語の点数の array
english_scores = np.array(df['英語'])
# Series に変換して describe を表示
pd.Series(english_scores).describe()
```

Out[34]:
```
count    50.00
mean     58.38
std       9.80
min      37.00
25%      54.00
50%      57.50
75%      65.00
max      79.00
dtype: float64
```

2.4.1 度数分布表

describe メソッドで出力された平均や分散、四分位数といった指標によってデータの中心やばらつき具合はわかりますが、より細かくデータがどのように分布しているかを知りたいときがあります。このようなとき、データがとる値をいくつかの区間に分けて、各区間にいくつのデータが分類されるかを数えるという方法があります。分割した区間とデータ数を表にまとめたものが**度数分布表**です。

ここではテストの点数を点数が 0～10 点の区間、10～20 点の区間といったように 10 点ずつで区切り、各区間の点数をとった生徒が何人いるか数えて度数分布表を作ることを考えます。このとき 0～10 点といった区間のことを**階級** (class)、各階級に属している生徒の数を**度数** (frequency) といいます。また、各区間の幅のことを**階級幅**といい、階級の数のこと**階級数**といいます。10 点ずつで区切っているので階級幅は 10 点で、100 点を 10

2.4 1次元データの視覚化

点ずつで区切っているため階級は全部で 10 できますから階級数は 10 となります。

さっそく度数分布表を作っていきましょう。度数は `np.histgram` 関数を使うと簡単に求めることができます。`np.histgram` では `bins` で階級数を、`range` で最小値と最大値を指定できます。ここでは 0 点から 100 点までの点数を階級数 10 で分類したいので次のような指定になります。

In [35]:
```python
freq, _ = np.histogram(english_scores, bins=10, range=(0, 100))
freq
```

Out[35]:
```
array([ 0,  0,  0,  2,  8, 16, 18,  6,  0,  0])
```

DataFrame に結果をまとめていきます。各階級には下限〜上限の形でラベルをつけていきます。それぞれの階級には下限以上で上限未満のデータが分類されます。たとえば 60 点は 60〜70 の階級になります。

In [36]:
```python
# 0~10, 10~20, ... といった文字列のリストを作る
freq_class = [f'{i}~{i+10}' for i in range(0, 100, 10)]
# freq_class をインデックスにして freq で DataFrame を作る
freq_dist_df = pd.DataFrame({'度数':freq},
                            index=pd.Index(freq_class,
                                           name='階級'))
freq_dist_df
```

Out[36]:

階級	度数
0~10	0
10~20	0
20~30	0
30~40	2

40~50	8
50~60	16
60~70	18
70~80	6
80~90	0
90~100	0

　これで度数分布表は完成です。データを度数分布表にまとめることで点数の分布がわかりやすくなりました。この表を見るだけで、多くの生徒は 50～70 点だったとか、高得点も低得点もいないあまり差がつかないテストだったといったデータの特徴を簡単に把握できます。

　度数分布表は階級と度数以外にも階級値、相対度数、累積相対度数といった値がよく一緒に使われます。1 つずつ見ていきましょう。

　階級値は各階級を代表する値のことで階級の中央の値が使われます。60～70 の階級であれば階級値は 65 点となります。

In [37]:
```
class_value = [(i+(i+10))//2 for i in range(0, 100, 10)]
class_value
```

Out[37]:
```
[5, 15, 25, 35, 45, 55, 65, 75, 85, 95]
```

　相対度数は全データ数に対してその階級のデータがどのくらいの割合を占めているかを示します。

In [38]:
```
rel_freq = freq / freq.sum()
rel_freq
```

Out[38]:
```
array([0.  , 0.  , 0.  , 0.04, 0.16, 0.32, 0.36, 0.12, 0.  , 0.  ])
```

　累積相対度数はその階級までの相対度数の和を示します。累積和の計算には `np.cumsum`

関数が便利です。

In [39]:
```
cum_rel_freq = np.cumsum(rel_freq)
cum_rel_freq
```

Out[39]:
```
array([0.  , 0.  , 0.  , 0.04, 0.2 , 0.52, 0.88, 1.  , 1.  , 1.  ])
```

階級値と相対度数と累積相対度数を度数分布表に付け加えましょう。

In [40]:
```
freq_dist_df['階級値'] = class_value
freq_dist_df['相対度数'] = rel_freq
freq_dist_df['累積相対度数'] = cum_rel_freq
freq_dist_df = freq_dist_df[['階級値', '度数',
                              '相対度数', '累積相対度数']]

freq_dist_df
```

Out[40]:

階級	階級値	度数	相対度数	累積相対度数
0~10	5	0	0.00	0.00
10~20	15	0	0.00	0.00
20~30	25	0	0.00	0.00
30~40	35	2	0.04	0.04
40~50	45	8	0.16	0.20
50~60	55	16	0.32	0.52
60~70	65	18	0.36	0.88
70~80	75	6	0.12	1.00
80~90	85	0	0.00	1.00
90~100	95	0	0.00	1.00

相対度数や累積相対度数を見ることで、全生徒の 68% が 50〜70 点の点数だったといったことや全生徒の約半分は 60 点以下だったといったことが一目でわかるようになりました。

最頻値ふたたび

度数分布表が完成したので、量的データに対しても自然に最頻値を求めることができます。度数分布表を使った最頻値は度数が最大となる階級の階級値で定義されます。度数分布表から 60〜70 の階級の度数が最大であることがわかるので、このデータの最頻値は 65 点です。

In [41]:
```
freq_dist_df.loc[freq_dist_df['度数'].idxmax(), '階級値']
```

Out[41]:
```
65
```

ここで 1 つ注意するべきなのは、最頻値は度数分布表の作り方に依存するという点です。たとえば階級幅を 4 にして度数分布表を計算しなおすと、最頻値は 66 点になります。

2.4.2 ヒストグラム

ヒストグラム (histogram) は度数分布表を棒グラフで表したものです。ヒストグラムを使うことでデータの分布の形状をより視覚的につかむことができます。

ここからは Matplotlib というライブラリが必要になります。Matplotlib は Python でグラフを表示するときの標準的なライブラリで、本書の可視化はすべて Matplotlib を使います。ここまでで紹介した Pandas・NumPy・Matplotlib が統計解析における三種の神器で、大半の解析はこれらのライブラリのみで行うことができます。

それでは Matplotlib をインポートしましょう。ここではインポートに加えて、グラフが Jupyter notebook 上に表示されるようにする設定も行っています。

In [42]:
```
# Matplotlib の pyplot モジュールを plt という名前でインポート
import matplotlib.pyplot as plt

# グラフが notebook 上に表示されるようにする
%matplotlib inline
```

さっそく、Matplotlib を使ってヒストグラムを描画していきます。ヒストグラムは hist メソッドで描画でき、引数などは NumPy の histogram 関数と同様です。

In [43]:
```python
# キャンバスを作る
# figsize で横・縦の大きさを指定
fig = plt.figure(figsize=(10, 6))
# キャンバス上にグラフを描画するための領域を作る
# 引数は領域を 1 × 1 個作り、1 つめの領域に描画することを意味する
ax = fig.add_subplot(111)

# 階級数を 10 にしてヒストグラムを描画
freq, _, _ = ax.hist(english_scores, bins=10, range=(0, 100))
# X 軸にラベルをつける
ax.set_xlabel('点数')
# Y 軸にラベルをつける
ax.set_ylabel('人数')
# X 軸に 0, 10, 20, ..., 100 の目盛りをふる
ax.set_xticks(np.linspace(0, 100, 10+1))
# Y 軸に 0, 1, 2, ... の目盛りをふる
ax.set_yticks(np.arange(0, freq.max()+1))
# グラフの表示
plt.show()
```

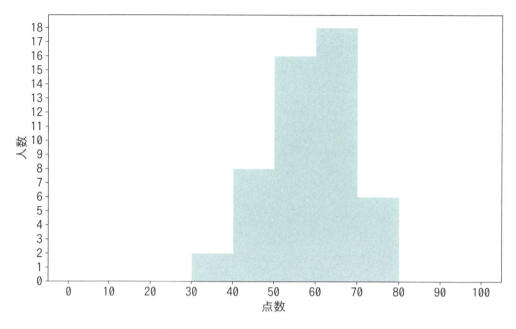

図 2.5: ヒストグラム (階級幅が 10 点)

　ここまで階級数を 10 に指定して度数分布表とヒストグラムを作ってきましたが、階級数を増やすことでより細かくデータの分布を見ることができます。階級数を 25、すなわち階級幅を 4 点にしてヒストグラムを出力してみましょう。

In [44]:

```
fig = plt.figure(figsize=(10, 6))
ax = fig.add_subplot(111)

freq, _ , _ = ax.hist(english_scores, bins=25, range=(0, 100))
ax.set_xlabel('点数')
ax.set_ylabel('人数')
ax.set_xticks(np.linspace(0, 100, 25+1))
ax.set_yticks(np.arange(0, freq.max()+1))
plt.show()
```

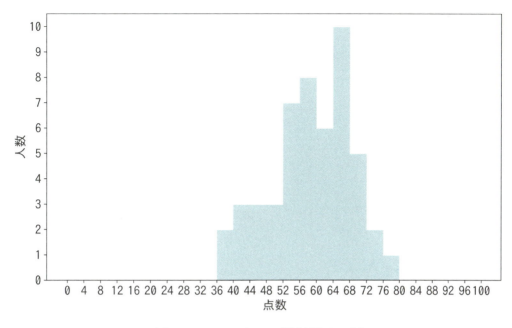

図 2.6: ヒストグラム（階級幅が 4 点）

　階級幅を変えることで、ヒストグラムの見た目が大きく変わりました。度数分布表やヒストグラムは階級数によって形状が大きく変わるため、データによって適切な値に設定することが大切になってきます。

　最後に相対度数のヒストグラムを累積相対度数の折れ線グラフと一緒に描画します。

```
In [45]:
fig = plt.figure(figsize=(10, 6))
ax1 = fig.add_subplot(111)
# Y軸のスケールが違うグラフをax1と同じ領域上に書けるようにする
ax2 = ax1.twinx()

# 相対度数のヒストグラムにするためには、度数をデータの数で割る必要がある
# これはhistの引数weightを指定することで実現できる
weights = np.ones_like(english_scores) / len(english_scores)
rel_freq, _, _ = ax1.hist(english_scores, bins=25,
                          range=(0, 100), weights=weights)
```

```python
cum_rel_freq = np.cumsum(rel_freq)
class_value = [(i+(i+4))//2 for i in range(0, 100, 4)]
# 折れ線グラフの描画
# 引数 ls を '--' にすることで線が点線に
# 引数 marker を 'o' にすることでデータ点を丸に
# 引数 color を 'gray' にすることで灰色に
ax2.plot(class_value, cum_rel_freq,
         ls='--', marker='o', color='gray')
# 折れ線グラフの罫線を消去
ax2.grid(visible=False)

ax1.set_xlabel('点数')
ax1.set_ylabel('相対度数')
ax2.set_ylabel('累積相対度数')
ax1.set_xticks(np.linspace(0, 100, 25+1))

plt.show()
```

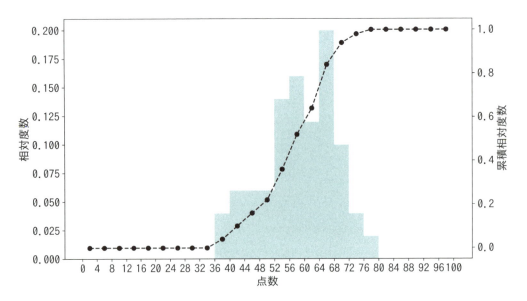

図 2.7: ヒストグラムと累積相対度数

2.4.3 箱ひげ図

箱ひげ図 (**box plot**) はデータのばらつきを表現するための図です。箱ひげ図を使うことで、データの分布や外れ値を視覚的につかむことができます。

箱ひげ図では図 2.8 に示すように、四分位範囲の $Q1$、$Q2$、$Q3$、IQR を使います。箱は $Q1$ から $Q3$ を、ひげは $Q1 - 1.5\,IQR$ から $Q3 + 1.5\,IQR$ を表し、そこに入りきらなかったデータは外れ値となります[*3]。

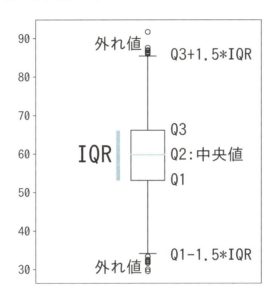

図 2.8: 箱ひげ図の説明

箱ひげ図は `boxplot` メソッドを使って描画できます。

[*3] 外れ値を考えずに最小値と最大値をひげとする流儀もあります。

In [46]:

```
fig = plt.figure(figsize=(5, 6))
ax = fig.add_subplot(111)
ax.boxplot(english_scores, labels=['英語'])

plt.show()
```

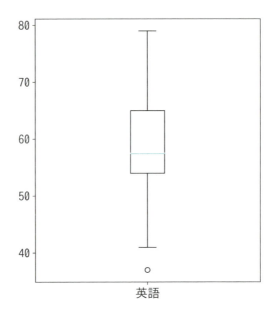

図 2.9: 箱ひげ図

箱ひげ図からもこのテストは 60 点前後の人が多いことがわかります。

CHAPTER

03

TITLE

2次元データの整理

2章では英語のテストの点数を使って、1人の生徒に1つの点数が対応している1次元のデータを平均や分散といった指標と、ヒストグラムや箱ひげ図といった図示によって整理する方法を学びました。本章では英語と数学のテストの点数を使って、1人の生徒に2つの点数が対応している2次元のデータの整理方法を説明していきます。2次元のデータを整理することで、数学の点数が高い人は英語の点数も高いのかといったデータの関係性について知ることができます。

本章は2章と同様に、数値を使った指標による整理と、図示による整理方法に分かれています。まず3.1節で2次元のデータに使われる共分散や相関係数という数値の指標を、そして3.2節では2次元のデータを視覚化するための方法である散布図や回帰直線について学んでいきます。

本題に入る前にライブラリとデータを準備しておきましょう。

In [1]:
```python
import numpy as np
import pandas as pd

%precision 3
pd.set_option('precision', 3)
```

本章も2章と同様に ch2_scores_em.csv を使います。ただし、2章では英語の点数のみを使いましたが、本章では英語と数学両方の点数を使います。

In [2]:
```python
df = pd.read_csv('../data/ch2_scores_em.csv',
                 index_col='生徒番号')
```

3.1節では df の最初の10人分のデータを使います。2章のときと同様に、NumPy の array と Pandas の DataFrame の両方を用意して、DataFrame には各生徒に A さん B さん…と名前をつけておきます。

In [3]:
```python
en_scores = np.array(df['英語'])[:10]
ma_scores = np.array(df['数学'])[:10]
```

```
scores_df = pd.DataFrame({'英語':en_scores,
                          '数学':ma_scores},
                         index=pd.Index(['A', 'B', 'C', 'D', 'E',
                                         'F', 'G', 'H', 'I', 'J'],
                                        name='生徒'))
scores_df
```

Out[3]:

生徒	英語	数学
A	42	65
B	69	80
C	56	63
D	41	63
E	57	76
F	48	60
G	65	81
H	49	66
I	65	78
J	58	82

3.1 2つのデータの関係性の指標

英語の点が高い人ほど数学の点も高い傾向にあるのなら、英語と数学の点数は**正の相関**をもつといい、逆に英語の点が高い人ほど数学の点は低い傾向にあるのなら、英語と数学の点数は**負の相関**をもつといいます。また、そのどちらにも当てはまらず英語の点数が数学の点数に直線的な影響を及ぼさないとき、英語と数学の点数は**無相関**であるといいます。このような相関を数値の指標で表現するのが本節の目標です。

3.1.1 共分散

まず英語と数学の点数がどのようになっているか図で見てみましょう。図 3.1 は横軸を

英語、縦軸を数学にとった**散布図 (scatter plot)** です。Python で散布図を描画する方法は 3.2 節で説明します。

図 3.1 から各生徒が数学と英語の各テストで何点とったかを読み取ることができます。A さんであれば英語が 42 点で数学が 65 点です。また、中央の縦線と横線はそれぞれ英語と数学の平均点を表しています。この図を眺めてみると、どうやら英語の点数が高い人ほど数学の点数も高いという直線的な関係性がありそうです。つまり英語と数学の点数は正の相関を持っていると言えそうです。

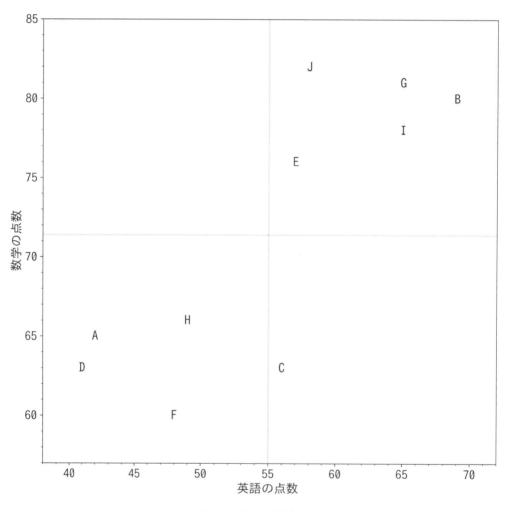

図 3.1: 点数の散布図

さて、この正の相関をもつと考えられる関係性をどのように数値化すればよいでしょうか。これには**共分散 (covariance)** という指標を使うのですが、その名から推測できると

おり共分散は分散に近い指標です。

共分散をイメージしやすくするために、分散のときと同様に面積を考えます。図 3.2 は図 3.1 のうち C・E・H さんについて、各点数と平均点とでできる長方形を描画しています。つまり長方形の横の長さは英語の点数の偏差に、縦の長さは数学の点数の偏差になっています。

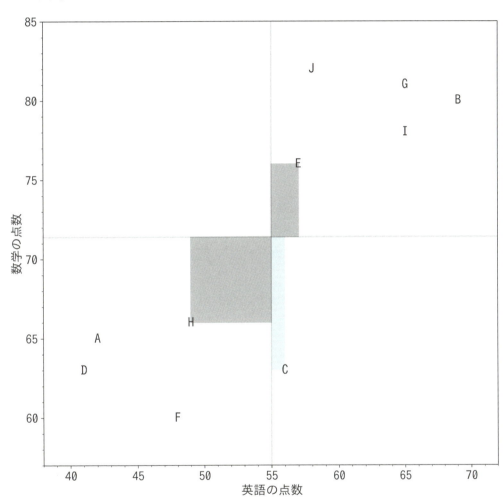

図 3.2: 点数の散布図と符号付き面積 SAMPLE CODE

分散のときと異なるのは、縦軸と横軸でデータが異なるため偏差同士で作る図形が正方形になるとは限らず、負の面積も取り得るという点です。というのも分散であれば、たとえ偏差がマイナスであっても面積はその二乗の値なので常に正でしたが、共分散では縦と横で違うデータの偏差を考えているため、一方の偏差が正で、もう一方が負という場合に

面積が負になってしまうのです。今回のデータであれば、EさんとHさんは正の面積ですが、Cさんは負の面積となっています。

この符号付き面積という視点で図 3.2 を眺めていると、面積が正になるのは英語と数学がともに平均点より高いか、ともに平均点より低い場合なので、点数の相関をうまく表していることに気づくのではないでしょうか。そのため、これら符号付き面積の平均は相関の指標となりそうです。これが共分散です。

共分散は正であれば正の面積となるデータが多いということなので正の相関を、逆に共分散が負であれば負の面積となるデータが多いということなので負の相関があるといえます。そのどちらでもなく、共分散が 0 に近ければ無相関を表します。

`DataFrame` でまとめつつ、共分散を計算してみましょう。

In [4]:
```
summary_df = scores_df.copy()
summary_df['英語の偏差'] =\
    summary_df['英語'] - summary_df['英語'].mean()
summary_df['数学の偏差'] =\
    summary_df['数学'] - summary_df['数学'].mean()
summary_df['偏差同士の積'] =\
    summary_df['英語の偏差'] * summary_df['数学の偏差']
summary_df
```

Out[4]:

生徒	英語	数学	英語の偏差	数学の偏差	偏差同士の積
A	42	65	-13.0	-6.4	83.2
B	69	80	14.0	8.6	120.4
C	56	63	1.0	-8.4	-8.4
D	41	63	-14.0	-8.4	117.6
E	57	76	2.0	4.6	9.2
F	48	60	-7.0	-11.4	79.8
G	65	81	10.0	9.6	96.0
H	49	66	-6.0	-5.4	32.4

I	65	78	10.0	6.6	66.0
J	58	82	3.0	10.6	31.8

In [5]:

```
summary_df['偏差同士の積'].mean()
```

Out[5]:

62.800

英語の点数と数学の点数は正の相関をもっているといえそうです。

数式でまとめましょう。共分散には S_{xy} という表記がよく使われます。これは変数 x と変数 y の共分散であることを明示するため、今回の場合であれば変数 x が英語、変数 y が数学に対応しています。なお、共分散は変数 x と変数 y が入れ替わっても変わりません。

$$S_{xy} = \frac{1}{n}\sum_{i=1}^{n}(x_i - \overline{x})(y_i - \overline{y})$$
$$= \frac{1}{n}\{(x_1 - \overline{x})(y_1 - \overline{y}) + (x_2 - \overline{x})(y_2 - \overline{y}) + \cdots + (x_n - \overline{x})(y_n - \overline{y})\}$$

NumPy の場合、共分散は cov 関数で求めることができます。ただし返り値は共分散という値ではなく、**共分散行列 (covariance matrix)** または **分散共分散行列 (variance-covariance matrix)** と呼ばれる行列です。

In [6]:

```
cov_mat = np.cov(en_scores, ma_scores, ddof=0)
cov_mat
```

Out[6]:

```
array([[86.  , 62.8 ],
       [62.8 , 68.44]])
```

この行列の1行目と1列目が第1引数の英語、2行目と2列目が第2引数の数学にそれぞれ対応しており、それらが交わる1行2列目の成分と2行1列目の成分が英語と数学の共分散に該当します。Python のインデックスは 0 はじまりなので、結局 cov_mat の [0, 1] 成分と [1, 0] 成分が共分散です。

In [7]:

    cov_mat[0, 1], cov_mat[1, 0]

Out[7]:

    (62.800, 62.800)

残りの成分はどうでしょうか。前述の説明だと [0, 0] 成分は英語と英語の共分散ということになります。数式に振り返るとわかりますが、同じ変数同士の共分散はその変数の分散と等しくなっています。つまり [0, 0] 成分は英語の分散、[1, 1] 成分は数学の分散になります。

In [8]:

    cov_mat[0, 0], cov_mat[1, 1]

Out[8]:

    (86.000, 68.440)

英語と数学の分散も計算してみましょう。

In [9]:

    np.var(en_scores, ddof=0), np.var(ma_scores, ddof=0)

Out[9]:

    (86.000, 68.440)

分散と一致していることが確認できました。

なお、DataFrame にも cov メソッドがありますが、var メソッドとは異なり ddof 引数をとらず不偏分散しか計算できないため、ここでは実行しません。

3.1.2 相関係数

共分散を計算することによって、データの相関を表現できました。しかしながら共分散は今回のようなテストの点同士であれば、点数×点数 という単位を持っています。生徒の身長とテストの点の相関を見ていたなら、共分散は $cm ×$ 点数 という単位です。分散のときにも説明したように、このような単位は直感的理解を難しくします。

そのため単位に依存しない相関を表す指標が求められます。共分散は各データの単位をかけたものになるので、各データの標準偏差で割ることで単位に依存しない指標を定義できます。

$$r_{xy} = \frac{S_{xy}}{S_x S_y}$$
$$= \frac{1}{n} \sum_{i=1}^{n} (\frac{x_i - \overline{x}}{S_x})(\frac{y_i - \overline{y}}{S_y})$$

このように定義された指標 r_{xy} を**相関係数 (correlation coefficient)** といいます。相関係数は必ず-1 から 1 の間をとり、データが正の相関をもつほど 1 に近づき、負の相関をもつほど-1 に、無相関であれば 0 になります。また、相関係数が-1 のときと 1 のときは完全に直線上にデータが並びます。図 3.3 はいくつかの相関係数に対応する散布図です。

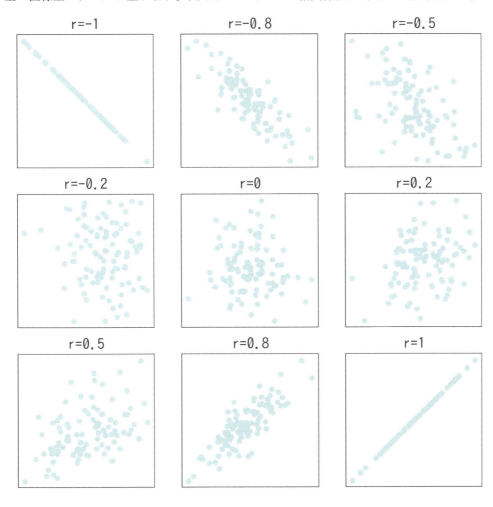

図 3.3: 相関係数

それでは英語と数学の点数の相関係数を求めてみましょう。数式どおりに計算すると次のようになります。

In [10]:
```
np.cov(en_scores, ma_scores, ddof=0)[0, 1] /\
    (np.std(en_scores) * np.std(ma_scores))
```

Out[10]:

0.819

相関係数は 0.819 という 1 に近い値になりました。相関係数がどのくらいだと相関があるといった、明確な基準はないのですが、図 3.3 を見てわかるように相関係数 0.8 のデータは強い相関を持っています。このことから、英語と数学の点数には強い正の相関があるといえそうです。

NumPy の場合、相関係数は corrcoef 関数で計算できます。ただし返り値は共分散のときと同じように**相関行列 (correlation matrix)** と呼ばれる行列です。

In [11]:
```
np.corrcoef(en_scores, ma_scores)
```

Out[11]:
```
array([[1.   , 0.819],
       [0.819, 1.   ]])
```

相関行列の [0, 1] 成分と [1, 0] 成分が英語と数学の相関係数に対応しています。残りの [0, 0] 成分は英語と英語の相関係数、[1, 1] 成分は数学と数学の相関係数に対応するため 1 です。

DataFrame の場合は、corr メソッドで同様の結果を得ることができます。

In [12]:
```
scores_df.corr()
```

Out[12]:

	英語	数学
英語	1.000	0.819
数学	0.819	1.000

3.2 2次元データの視覚化

この節では2次元データの視覚化の方法を説明していきます。ここまで見てきたように、2次元のデータを図示するときは散布図がとても便利です。ここでは散布図のほかに、回帰直線というデータの関係を表現する直線と、ヒストグラムの2次元版であるヒートマップについても説明します。

Matplotlibの準備をしておきましょう。

In [13]:
```
import matplotlib.pyplot as plt

%matplotlib inline
```

3.2.1 散布図

Matplotlibでは scatter メソッドを使うことで散布図を描画できます。scatter の第1引数が x 軸のデータ、第2引数が y 軸のデータです。

In [14]:
```
english_scores = np.array(df['英語'])
math_scores = np.array(df['数学'])

fig = plt.figure(figsize=(8, 8))
ax = fig.add_subplot(111)
# 散布図
ax.scatter(english_scores, math_scores)
```

```
ax.set_xlabel('英語')
ax.set_ylabel('数学')

plt.show()
```

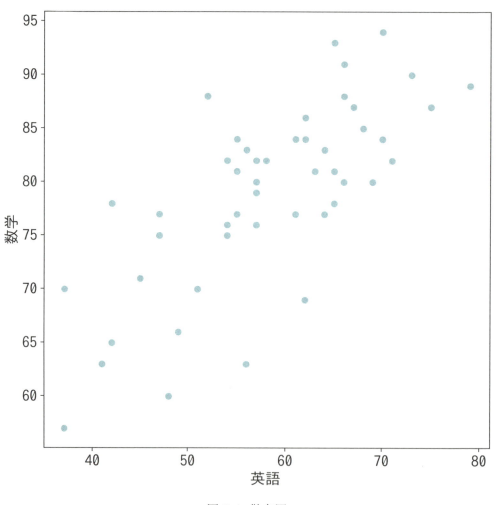

図 3.4: 散布図

散布図から英語の点数が高い人ほど、数学の点数も高いという傾向がありそうに見えます。

3.2.2 回帰直線

回帰直線 (regression line) は 2 つのデータ間の関係性をもっともよく表現する直線です。Matplotlib には回帰直線を直接描画するメソッドがないため、ここでは NumPy を使って回帰直線を求めます。詳しい説明は省略しますが、`np.polyfit` 関数と `np.poly1d` 関数を使うことで、英語の点数を x、数学の点数を y としたときの回帰直線 $y = \beta_0 + \beta_1 x$ を求めることができます。回帰直線を用意できたら、あとは `plot` メソッドで描画するだけです。

それでは回帰直線を散布図と一緒に描画してみましょう。回帰直線によってデータの傾向がよりわかりやすくなります。

In [15]:
```python
# 係数β_0とβ_1を求める
poly_fit = np.polyfit(english_scores, math_scores, 1)
# β_0+β_1 x を返す関数を作る
poly_1d = np.poly1d(poly_fit)
# 直線を描画するためのx座標を作る
xs = np.linspace(english_scores.min(), english_scores.max())
# xsに対応するy座標を求める
ys = poly_1d(xs)

fig = plt.figure(figsize=(8, 8))
ax = fig.add_subplot(111)
ax.set_xlabel('英語')
ax.set_ylabel('数学')
ax.scatter(english_scores, math_scores, label='点数')
ax.plot(xs, ys, color='gray',
        label=f'{poly_fit[1]:.2f}+{poly_fit[0]:.2f}x')
# 凡例の表示
ax.legend(loc='upper left')

plt.show()
```

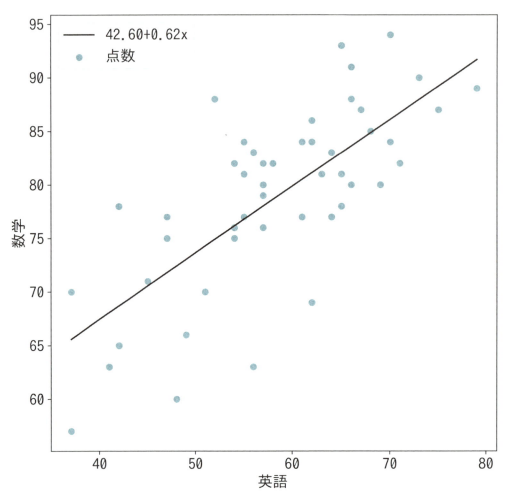

図 3.5: 散布図と回帰直線

3.2.3　ヒートマップ

　ヒートマップはヒストグラムの 2 次元版を色によって表すことができるグラフです。`hist2d` メソッドによって作ることができます。引数もほとんど `hist` メソッドと同じです。ここでは英語の点数は 35 点から 80 点まで 5 点刻み、数学の点数は 55 点から 95 点まで 5 点刻みになるよう `bins` と `range` を指定しています。色が濃い領域ほど多くの人が分布していることを表しており、英語の点数が 55〜60 点で数学が 80〜85 の人がもっとも多いということがわかります。

3.2 2次元データの視覚化

In [16]:
```
fig = plt.figure(figsize=(10, 8))
ax = fig.add_subplot(111)

c = ax.hist2d(english_scores, math_scores,
              bins=[9, 8], range=[(35, 80), (55, 95)])
ax.set_xticks(c[1])
ax.set_yticks(c[2])
# カラーバーの表示
fig.colorbar(c[3], ax=ax)
plt.show()
```

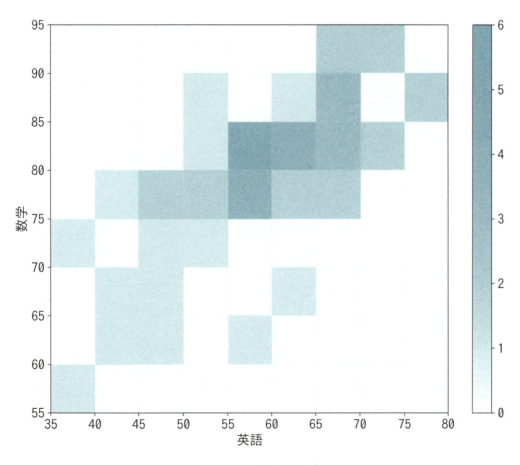

図 3.6: ヒートマップ

3.3 アンスコムの例

2 章と 3 章でデータがもつさまざまな特徴を平均や分散、相関係数といった数値の指標から読み取る方法を学びました。しかしながら、そういった数値にデータをまとめることで、多くの情報が失われていることには気をつけなければなりません。同じような指標をもったデータでも、図示してみると全く異なるデータということも珍しくありません。ここではそのような同じ指標を持っているが全く異なるデータという例を、アンスコムの例と呼ばれるデータを使って見ていきます。

アンスコムの例は ch3_anscombe.npy に用意しました。ch3_anscombe.npy にはデータが 4 つ含まれていて、それぞれは大きさ 11 の 2 次元データです。

In [17]:
```
# npy 形式で保存された NumPy array を読み込む
anscombe_data = np.load('../data/ch3_anscombe.npy')
print(anscombe_data.shape)
anscombe_data[0]
```

Out[17]:
```
(4, 11, 2)

array([[ 10.  ,   8.04],
       [  8.  ,   6.95],
       [ 13.  ,   7.58],
       [  9.  ,   8.81],
       [ 11.  ,   8.33],
       [ 14.  ,   9.96],
       [  6.  ,   7.24],
       [  4.  ,   4.26],
       [ 12.  ,  10.84],
       [  7.  ,   4.82],
       [  5.  ,   5.68]])
```

各データの平均・分散・相関係数・回帰直線を計算して `DataFrame` にまとめます。

In [18]:

```
stats_df = pd.DataFrame(index=['Xの平均', 'Xの分散', 'Yの平均',
                               'Yの分散', 'XとYの相関係数',
                               'XとYの回帰直線'])
for i, data in enumerate(anscombe_data):
    dataX = data[:, 0]
    dataY = data[:, 1]
    poly_fit = np.polyfit(dataX, dataY, 1)
    stats_df[f'data{i+1}'] =\
        [f'{np.mean(dataX):.2f}',
         f'{np.var(dataX):.2f}',
         f'{np.mean(dataY):.2f}',
         f'{np.var(dataY):.2f}',
         f'{np.corrcoef(dataX, dataY)[0, 1]:.2f}',
         f'{poly_fit[1]:.2f}+{poly_fit[0]:.2f}x']
stats_df
```

Out[18]:

	data1	data2	data3	data4
Xの平均	9.00	9.00	9.00	9.00
Xの分散	10.00	10.00	10.00	10.00
Yの平均	7.50	7.50	7.50	7.50
Yの分散	3.75	3.75	3.75	3.75
XとYの相関係数	0.82	0.82	0.82	0.82
XとYの回帰直線	3.00+0.50x	3.00+0.50x	3.00+0.50x	3.00+0.50x

どのデータも平均から回帰直線の式まですべてが一致しています。つまり指標の上ではこれら4つのデータはすべて同じです。

これら4つのデータが全く同じであるか確かめるために、散布図を描画してみましょう。

In [19]:

```python
# グラフを描画する領域を 2 × 2 個作る
fig, axes = plt.subplots(nrows=2, ncols=2, figsize=(10, 10),
                         sharex=True, sharey=True)

xs = np.linspace(0, 30, 100)
for i, data in enumerate(anscombe_data):
    poly_fit = np.polyfit(data[:,0], data[:,1], 1)
    poly_1d = np.poly1d(poly_fit)
    ys = poly_1d(xs)
    # 描画する領域の選択
    ax = axes[i//2, i%2]
    ax.set_xlim([4, 20])
    ax.set_ylim([3, 13])
    # タイトルをつける
    ax.set_title(f'data{i+1}')
    ax.scatter(data[:,0], data[:,1])
    ax.plot(xs, ys, color='gray')

# グラフ同士の間隔を狭くする
plt.tight_layout()
plt.show()
```

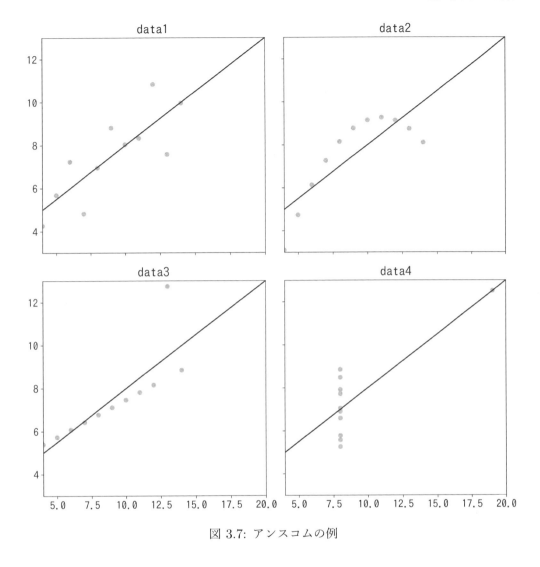

図 3.7: アンスコムの例

ご覧のようにこれらのデータは全く異なった分布をしています。平均や分散といった指標は多くのことを教えてくれますが、それらを過信してはいけません。データを分析するときは、できるだけ図示も行うべきということをアンスコムの例は教えてくれています。

第3章　2次元データの整理

PYTHON×MATH SERIES

STATISTICAL ANALYSIS WITH PYTHON

CHAPTER

04

TITLE

推測統計の基本

2章と3章では、手元にあるデータがどのような性質を持っているかを記述する方法を学んできました。平均や分散といった指標による要約やグラフによる可視化は、直感的にデータを理解できる強力なツールであることを実感できたと思います。しかしながら、時には手元にあるデータだけでなく、その裏にある大規模なデータがどのような統計的性質を持っているか知りたいことがあります。例として次のような状況を考えましょう。

　ある高校では全生徒400人が同じ数学のテストを受けました。3年生のAさんはこのテストで80点でしたが、学校が全生徒の平均点を教えてくれなかったため、自分の学力が全生徒の中でどのレベルにあるのかわかりませんでした。自分の結果の良し悪しをどうしても知りたいAさんは自分で全生徒の平均点を求めようと思いましたが、400人全員にテストの結果を聞いてまわるのは無理があります。そこでAさんは学校の中で偶然見かけた20人にテストの点数を聞き、その結果から全生徒の平均点を推測しようとしました。20人のテストの点数の平均点が70.4点だったので、Aさんは全生徒の平均もそのくらいだろうと考え、自分の点数が平均より上であることに満足したのでした。

　このように一部のデータから全体の統計的性質を推測する枠組みが、本章以降で学んでいく**推測統計**です。推測統計と対比して、2章と3章の統計のことを**記述統計**といいます。
　本題に入る前にライブラリとデータを準備しましょう。

In [1]:
```
import numpy as np
import pandas as pd
import matplotlib.pyplot as plt

%precision 3
%matplotlib inline
```

全生徒のデータは ch4_scores400.csv に入っています。

In [2]:
```
df = pd.read_csv('../data/ch4_scores400.csv')
scores = np.array(df['点数'])
scores[:10]
```

Out[2]:

　array([76, 55, 80, 80, 74, 61, 81, 76, 23, 80])

4.1 母集団と標本

　推測統計では観測対象全体の統計的性質を、その観測対象の一部分のみを使って推測します。このとき、推測したい観測対象全体のことを**母集団 (population)**、推測に使う観測対象の一部分のことを**標本 (sample)** といい、母集団から標本を取り出すことを**標本抽出 (sampling)**、取り出す標本の数のことを**標本の大きさ**または**サンプルサイズ**といいます。そして標本から計算される平均や分散、相関係数などを総称して**標本統計量**といい、母集団の平均や分散、相関係数などを総称して**母数**といいます。標本の平均を標本平均、母集団の平均を母平均などと呼ぶこともあります。まとめると図 4.1 のような構図です。

　冒頭の例に当てはめると、全生徒 400 人のテストの点数が母集団であり、A さんは声をかけることでサンプルサイズ 20 の標本を抽出し、標本平均という標本統計量を使い学校全体の平均点である母平均という母数を推測したということになります。

　このように標本平均で母平均を推測するとき、標本平均は母平均の**推定量 (estimator)** であるといいます。そして、実際に標本のデータを用いて計算した結果を**推定値 (estimate)** といいます。A さんは母平均の推定量として標本平均を選び、推定値を 70.4 点としたわけです。

4.1.1　標本の抽出方法

　標本は学校の中で偶然見かけた 20 人の点数としました。さりげないですが、この「偶然見かけた」は推測統計においてとても大事な働きをします。偶然見かけた 20 人にテストの結果を聞くのと、A さんと仲のよい友達 20 人にテストの結果を聞くのとはどう違うのでしょうか。

　A さんと仲のよい友達 20 人から標本を得ることを考えます。A さんの友達はおそらく A さんと同じ 3 年生の人がほとんどでしょう。3 年生は 1 年生や 2 年生の学生に比べ高い点数をとると考えられるため、A さんの友達に聞いて得た標本平均は学校全体の平均点より高くなってしまいそうです。これでは全生徒の平均点のよい推測になっているとは思えません。

　同じ学年の友達を標本に選ぶというのは少し極端な例だったかもしれません。しかし、たとえ A さんと同じ部活のいろんな学年の人から標本を集めるといった方法であっても、

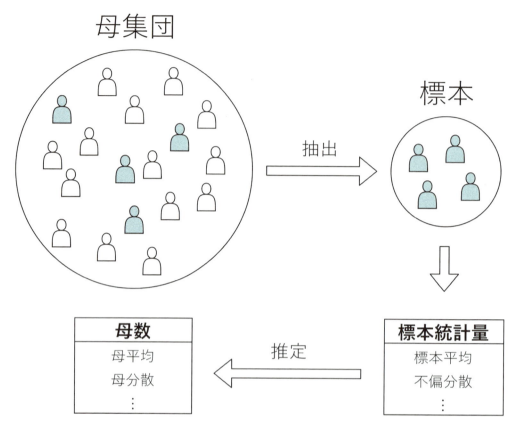

図 4.1: 母集団と標本

同じ部活という偏りが生まれてしまい、これもあまりよい推測にはならないのです。学校全体の平均点をうまく予測するためには、いかにしていろんな学年の、いろんな部活をしている、いろんな趣味を持った生徒から偏りなく成績を聞くことができるかが大事になってきます。そのため、標本を「偶然見かけた」人から集めることで標本の抽出に偏りをなくそうとしたのが A さんの作戦でした。このようにランダムに標本を抽出する方法を**無作為抽出 (random sampling)** といいます。

無作為抽出は標本の抽出に偏りをなくす方法であって、その結果偏りのあるデータが得られる可能性もあるということには気をつけないといけません。つまり「偶然見かけた人」がたまたま全員 3 年生ということもありえるのです。そんなデータが得られてしまったら、思わずもう一回無作為抽出をやり直したくなってしまいますが、それでは作為的な抽出になってしまいます。推測統計では無作為抽出の結果、偏りのある標本が得られる可能性も含めて推測を行いますので安心してください。このことは 4.3 節でわかってきます。

「偶然見かけた」という方法だと、同じ人に複数回テストの結果を聞く可能性もあります。同じ人に何回も同じ質問をしていると怪訝な目で見られてしまいそうですが、抽出の方法としては問題ありません。このように複数回同じ標本を選ぶ抽出方法を**復元抽出** (sampling with replacement)、同じ標本は一度しか選ばない方法を**非復元抽出** (sampling without replacement) といいます。

Python で無作為抽出をしてみましょう。無作為抽出には `np.random.choice` 関数が使えます。第 1 引数が抽出の対象とするリスト、第 2 引数がサンプルサイズです。試しに [1, 2, 3] というリストからサンプルサイズ 3 で無作為抽出を行ってみましょう。

In [3]:
```
np.random.choice([1, 2, 3], 3)
```

Out[3]:
```
array([1, 2, 2])
```

無作為抽出というランダム性を伴う計算なので、同じ結果は得られていないかもしれません。そして、このセルは実行する度に結果が変わります。何回か実行してみてください。実行結果は 1, 2, 3 の数字が一度ずつ抽出されることもあれば、同じ数字が複数回抽出されることもあることが確認できると思います。つまり `np.random.choice` 関数はデフォルトでは復元抽出を行っています。

それでは非復元抽出はどうでしょう。これは `np.random.choice` の引数 `replace` を `False` にすることで行うことができます。

In [4]:
```
np.random.choice([1, 2, 3], 3, replace=False)
```

Out[4]:
```
array([3, 1, 2])
```

こちらのセルも何回か実行してみてください。毎回、重複なく 1, 2, 3 の数字が一度ずつ抽出されているはずです。

無作為抽出をする方法はわかりましたが、解説をするにあたって私と皆さんとで計算結果が異なるのは問題です。これを解決するため乱数のシードを導入します。乱数のシード

とは、これから発生させる乱数の元となる数字で、これを定めておくと毎回同じ乱数を得ることができます。

シードを0にして無作為抽出を行ってみます。

In [5]:
```
np.random.seed(0)
np.random.choice([1, 2, 3], 3)
```

Out[5]:
```
array([1, 2, 1])
```

同じ結果を得られたのではないかと思います。上のセルを何度実行しても同じ結果になることを確認してみてください。このようにシードを設定することで、毎回同じ乱数を得ることができ、コードの再現性を保つことができます。

Aさんの行った無作為抽出は np.random.seed(0) を指定したあとに、scores からサンプルサイズ20で復元抽出することで再現できます。無作為抽出を行い、標本平均を計算してみましょう。

In [6]:
```
np.random.seed(0)
sample = np.random.choice(scores, 20)
sample.mean()
```

Out[6]:
```
70.400
```

私たちは全生徒のデータも持っているので、Aさんが推測したい母平均も計算できます。

In [7]:
```
scores.mean()
```

Out[7]:
```
69.530
```

母平均が 69.53 点なので、A さんの 70.4 点という推測はなかなかよさそうです。

無作為抽出は行うたびに結果が異なるため、得られる標本平均も毎回異なります。無作為抽出とその標本平均の計算を何回か行ってみましょう。

In [8]:
```
for i in range(5):
    sample = np.random.choice(scores, 20)
    print(f'{i+1}回目の無作為抽出で得た標本平均', sample.mean())
```

Out[8]:

1 回目の無作為抽出で得た標本平均 72.45
2 回目の無作為抽出で得た標本平均 63.7
3 回目の無作為抽出で得た標本平均 66.05
4 回目の無作為抽出で得た標本平均 71.7
5 回目の無作為抽出で得た標本平均 74.15

標本平均は大体 70 点前後になっていますが、それなりにばらつきもあるようです。

4.2 確率モデル

無作為抽出はランダムに標本を選ぶため、行ってみるまでどのような結果になるかわかりません。昨日行った無作為抽出と今日行った無作為抽出では結果は異なるでしょうし、それらの結果から明日の結果を言い当てることはできません。このように行うたびに結果が異なるというのは一見扱いにくいものかもしれませんが、そのようなものは身近にあふれています。簡単な例はサイコロです。サイコロは振るたびに結果が異なり、その出目を言い当てることはできません。

このような不確定さを伴った現象は**確率 (probability)** を使って考えることができます。確率を使って無作為抽出やサイコロを数学的にモデル化[1]したものを**確率モデル (probability model)** といい、本節ではサイコロを使って確率モデルの基本を確認していきます。

---

[1] モデルは模型のことです。そのためモデル化とは、現象を模型のように扱い特徴をうまく捉えるように単純化することを指します。モデル化を行うことで複雑な現象を人間が解釈できるようになります。

4.2.1 確率の基本

私たちはサイコロを投げたとき何が出るかを言い当てるはできませんが、出目は 1 から 6 の数字であることは知っていますし、それぞれの出目は同じ割合で出ることも経験的に知っています。このように結果を言い当てることはできないが、とりうる値とその値が出る確率が決まっているものを**確率変数** (random variable) といいます。

サイコロは投げるまでどの出目が出るかはわかりませんが、投げることで出目は 1 つに確定します。このように確率変数の結果を観測することを**試行** (trial) といい、試行によって観測される値のことを**実現値** (realization) といいます。また、「出目が 1」や「出目が奇数」といった試行の結果起こりうる出来事を**事象** (event) といい、特に「出目が 1」といったこれ以上細かく分解することのできない事象のことを**根元事象** (elementary event) といいます。確率は事象に対して定義されて、「出目が 1」という事象の確率は 1/6、「出目が奇数」という事象の確率は 1/2 といったように対応づけられます。

次に確率を数式で表現する方法を見ていきましょう。まずサイコロの出目を確率変数 X とします。このとき「出目が 1」になる事象の確率が 1/6 というのは次のように表されます。

$$P(X=1) = \frac{1}{6}$$

「出目が奇数」という事象の確率はどうでしょう。奇数はサイコロの出目のうち半分なので、直感的に 1/2 だといえます。数式では次のように表されます。

$$\begin{aligned} P((X=1) \cup (X=3) \cup (X=5)) &= P(X=1) + P(X=3) + P(X=5) \\ &= \frac{1}{6} + \frac{1}{6} + \frac{1}{6} \\ &= \frac{1}{2} \end{aligned}$$

ここで $(X=1) \cup (X=3) \cup (X=5)$ は「出目が 1」または「出目が 3」または「出目が 5」が出る事象を表します。これが「出目が 1」「出目が 3」「出目が 5」のそれぞれの確率の和になっているというのが数式の 1 行目ですが、ここに大事な確率の性質が隠されています。それは、「事象が互いに排反なら、それらのうち少なくとも 1 つが起こる事象は、各事象の確率の和に等しい」という性質です。

事象が**互いに排反**とは、それぞれの事象が同時には起こりえないということです。たとえば、「出目が 1 か 2 か 3」という事象と「出目が 6」という事象は同時には起こりえないため互いに排反となっています。互いに排反でない例としては、「出目が 1 か 2 か 3」と「出目が偶数」のようなときで、この場合出目に 2 が出るとどちらの事象も同時に起きています。

「出目が奇数」という事象の確率が 1/2 になるのは、「出目が 1」と「出目が 3」と「出目が 5」は互いに排反なため、それぞれの和を足すことで求めることができるからでした。

4.2.2 確率分布

確率分布 (probability distribution) とは、確率変数がどのような振る舞いをするかを表したものです。全確率 1 が確率変数のとりうる値にどのように分布しているかを表しているものともいえます。サイコロの出目であれば表 4.1 のような確率分布になります。このときサイコロの出目を確率変数 X、表 4.1 を確率分布 A とすると、確率変数 X は確率分布 A に従うといいます。数式では $X \sim A$ と表されます。

表 4.1: サイコロの確率分布

出目	1	2	3	4	5	6
確率	1/6	1/6	1/6	1/6	1/6	1/6

ここまでサイコロは当然それぞれの出目が同じ確率で出るという前提で話してきました。実はサイコロが出目を同じ確率で出すのは、重心がぴったり中心にあるときの話であって、重心がずれていると出目の出やすさに偏りが出てしまいます。つまり重心を変えるだけで特定の出目が出やすい、いかさまサイコロを作ることができるのです。

さて、目の前にそんないかさまサイコロがあるとします。あなたはこのサイコロがいかさまということは知っていますが、各出目がどのくらいの確率で出るかはわかりません。どうすればこのいかさまサイコロの確率分布を知ることができるでしょうか。

サイコロは形状をいくら観察したところで、どの出目がどの確率で出るかということはわかりません。重心を計測して物理演算するという力業も考えられますが、普通はサイコロをひたすら何回も振って、その出目の割合を確率分布として推測するのではないでしょうか。

ここからは、そんないかさまサイコロの確率分布を求めるための実験を Python で行っていきます。ここでいかさまサイコロは表 4.2 の確率分布に従う、出目の分だけ出やすいサイコロとします。

表 4.2: いかさまサイコロの確率分布

出目	1	2	3	4	5	6
確率	1/21	2/21	3/21	4/21	5/21	6/21

まず確率変数に必要なとりうる値と、その値が出る確率を定義します。

In [9]:
```
dice = [1, 2, 3, 4, 5, 6]
prob = [1/21, 2/21, 3/21, 4/21, 5/21, 6/21]
```

確率変数の試行にも np.random.choice 関数を使うことができ、引数 p に prob を渡すことでそれぞれの確率を指定します。1 回試行してみます。

In [10]:
```
np.random.choice(dice, p=prob)
```

Out[10]:
```
1
```

実現値は 1 となりました。次は 100 回試行してみましょう。

In [11]:
```
num_trial = 100
sample = np.random.choice(dice, num_trial, p=prob)
sample
```

Out[11]:
```
array([4, 6, 4, 5, 5, 6, 6, 3, 5, 6, 5, 6, 6, 2, 3, 1, 6, 5, 6, 3,
       4, 5, 3, 4, 3, 5, 5, 4, 4, 6, 4, 6, 5, 6, 5, 4, 6, 2, 6, 4,
       5, 3, 4, 6, 5, 5, 5, 3, 4, 5, 4, 4, 6, 4, 4, 6, 6, 2, 2, 4,
       5, 1, 6, 4, 3, 2, 2, 6, 3, 5, 4, 2, 4, 4, 6, 6, 1, 5, 3, 6,
       6, 4, 2, 1, 6, 4, 4, 2, 4, 1, 3, 6, 6, 6, 4, 5, 4, 3, 3, 4])
```

2.4 節で説明した度数分布表を作ってみましょう。

In [12]:
```
freq, _ = np.histogram(sample, bins=6, range=(1, 7))
pd.DataFrame({'度数':freq,
              '相対度数':freq / num_trial},
             index = pd.Index(np.arange(1, 7), name='出目'))
```

Out[12]:

出目	度数	相対度数
1	5	0.05
2	9	0.09
3	13	0.13
4	27	0.27
5	19	0.19
6	27	0.27

度数分布表によって、それぞれの出目の回数や割合がわかるようになりました。
実際の確率分布とともにヒストグラムも図示してみましょう。

In [13]:

```
fig = plt.figure(figsize=(10, 6))
ax = fig.add_subplot(111)
ax.hist(sample, bins=6, range=(1, 7), density=True, rwidth=0.8)
# 真の確率分布を横線で表示
ax.hlines(prob, np.arange(1, 7), np.arange(2, 8), colors='gray')
# 棒グラフの [1.5, 2.5, ..., 6.5] の場所に目盛りをつける
ax.set_xticks(np.linspace(1.5, 6.5, 6))
# 目盛りの値は [1, 2, 3, 4, 5, 6]
ax.set_xticklabels(np.arange(1, 7))
ax.set_xlabel('出目')
ax.set_ylabel('相対度数')
plt.show()
```

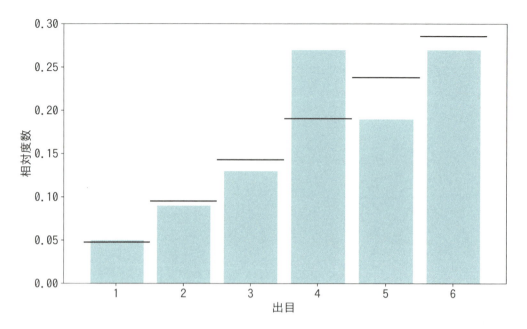

図 4.2: 100 回試行したときの出目のヒストグラム

100 回試行して得た出目の相対度数から推測される確率分布と実際の確率分布の間にはだいぶ差があるようです。さらに試行回数を増やして 10000 回にしてみます。そのときのヒストグラムを見てみましょう。

In [14]:

```
num_trial = 10000
sample = np.random.choice(dice, size=num_trial, p=prob)

fig = plt.figure(figsize=(10, 6))
ax = fig.add_subplot(111)
ax.hist(sample, bins=6, range=(1, 7), density=True, rwidth=0.8)
ax.hlines(prob, np.arange(1, 7), np.arange(2, 8), colors='gray')
ax.set_xticks(np.linspace(1.5, 6.5, 6))
ax.set_xticklabels(np.arange(1, 7))
ax.set_xlabel('出目')
ax.set_ylabel('相対度数')
plt.show()
```

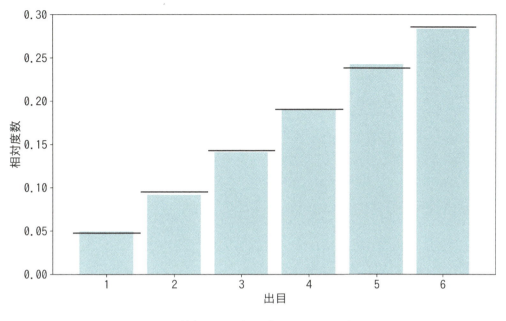

図 4.3: 10000 回試行したときの出目のヒストグラム `SAMPLE CODE`

相対度数が実際の確率分布と近くなってきました。このまま試行回数を増やしていけば、相対度数は確率分布に収束していきます。公開してある notebook では相対度数が実際の確率分布に収束するアニメーションを確認できます。

確率変数の試行をシミュレーションしてその結果を可視化する、というある意味ごり押しの方法が直感的な理解を助けます。このようなことを簡単にできることは、Python によって確率・統計を学ぶ大きなメリットです。

4.3 推測統計における確率

前節ではサイコロを使って確率モデルについて説明しました。推測統計における無作為抽出も同様に確率モデルで記述でき、無作為抽出で得る標本は母集団の確率分布に従う確率変数とみなすことができます。そして、推測統計で扱うデータはそのような確率変数の実現値と考えることができます。

冒頭の例を確率モデルで考えてみましょう。まず全生徒の点数がどのような分布になっているか、階級幅を 1 点にしてヒストグラムを図示してみます。

In [15]:
```python
fig = plt.figure(figsize=(10, 6))
ax = fig.add_subplot(111)
ax.hist(scores, bins=100, range=(0, 100), density=True)
ax.set_xlim(20, 100)
ax.set_ylim(0, 0.042)
ax.set_xlabel('点数')
ax.set_ylabel('相対度数')
plt.show()
```

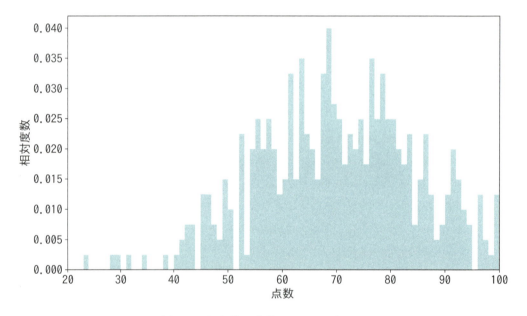

図 4.4: 全生徒の点数のヒストグラム

　図 4.4 から、たとえば 69 点をとった生徒は全生徒の 0.04(=4%) を占めていることがわかります。このことから無作為抽出を行うと 4% の確率で 69 点という標本データ[*2]を得ることになります。これは他の点数についても同様で、相対度数がその点数を得る確率に対応します。つまり、このヒストグラムを母集団の確率分布とみなすことができるのです。
　無作為抽出はこのような確率分布に従う確率変数の試行です。試しに 1 回試行してみましょう。

[*2] 本書ではデータが標本の実現値であることを強調したいときに、標本データという言葉を使います。

In [16]:

```python
np.random.choice(scores)
```

Out[16]:

89

89 点という実現値を得ました。これは無作為抽出で得た標本データが 89 点だったと解釈できます。

サイコロの相対度数が試行回数を増やすと実際の確率分布に近づいていったように、無作為抽出においても標本のサンプルサイズを増やしていくと、標本データの相対度数は実際の確率分布に近づいていきます。ここでは無作為抽出によってサンプルサイズ 10000 の標本を抽出して、その結果をヒストグラムに図示してみましょう。

In [17]:

```python
sample = np.random.choice(scores, 10000)

fig = plt.figure(figsize=(10, 6))
ax = fig.add_subplot(111)
ax.hist(sample, bins=100, range=(0, 100), density=True)
ax.set_xlim(20, 100)
ax.set_ylim(0, 0.042)
ax.set_xlabel('点数')
ax.set_ylabel('相対度数')
plt.show()
```

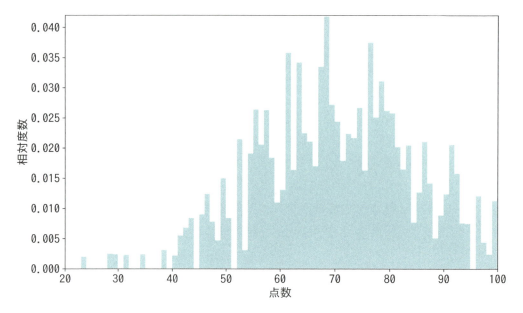

図 4.5: 無作為抽出で得た標本データのヒストグラム `SAMPLE CODE`

ヒストグラムは実際の分布にかなり近い形をしていることがわかります。サンプルサイズを増やしていけば、実際の分布に収束していきます。

最後に標本平均について考えます。標本ひとつひとつが確率変数なので、それらの平均として計算される標本平均もまた確率変数になっています。ここでは無作為抽出でサンプルサイズ20の標本を抽出して標本平均を計算するという作業を10000回行い、その結果をヒストグラムに図示することで、標本平均の分布がどのようになるか見てみます。

In [18]:

```
sample_means = [np.random.choice(scores, 20).mean()
                for _ in range(10000)]

fig = plt.figure(figsize=(10, 6))
ax = fig.add_subplot(111)
ax.hist(sample_means, bins=100, range=(0, 100), density=True)
# 母平均を縦線で表示
ax.vlines(np.mean(scores), 0, 1, 'gray')
ax.set_xlim(50, 90)
ax.set_ylim(0, 0.13)
```

```
ax.set_xlabel('点数')
ax.set_ylabel('相対度数')
plt.show()
```

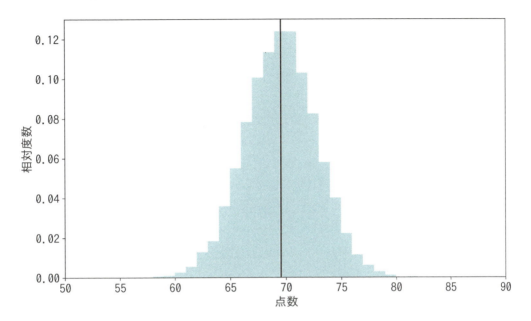

図 4.6: 標本平均の分布 SAMPLE CODE

中央の縦線が母平均です。標本平均はばらつきこそあるものの、母平均を中心に分布することがわかります。これが無作為抽出による標本平均で母平均を推測できることの根拠になっています。標本平均の分布に関しては 9.3 節で詳しく説明します。

4.4 これから学ぶこと

本章を通して、推測統計は確率を使って母集団の統計的性質を推測する手法というイメージができたと思います。5 章からは確率と推測統計について、より詳しく説明をしていきます。

まず 5 章から 9 章では確率変数の定義や、代表的な確率分布について見ていきます。確率は推測統計において非常に重要な道具ですが、確定しない抽象的なものを扱うためイメージしづらく難しい分野です。そのため、本書では数式による定義のあと具体例を使った Python による実装を行い、シミュレーションや図示などを交えて確率について説

明していきます。特にシミュレーションはペンとノートを使った勉強ではできないので、Python によって確率を学ぶことの大きなメリットとなります。

本格的な推測統計は 10 章から 12 章で扱います。推測統計は大きく推定と検定に分けることができ、それぞれ 10 章と 11 章で扱っていきます。

推定とは母数を推測することを指し、1 つの値で推定することを**点推定**、区間で推定することを**区間推定**と呼びます。本章の冒頭の例のように母平均を 70.4 点と 1 つの値で推定する方法は点推定にあたります。一方の区間推定は、母平均は 68〜72 点の間といったように範囲をもって推定する方法です。

検定は母集団の統計的性質について仮説をたてて、その仮説が正しいかどうかを判断する手法のことです。たとえばあるサイコロを 100 回振った結果、出目が Out[12] の度数分布表のようになったとします。このサイコロが、各出目の確率が等しい普通のサイコロかどうかを確かめたいときに、検定を使用します。この例であれば、サイコロが普通のサイコロであるという仮説をたて、その仮説が正しいかどうかを統計学的に判定します。

12 章ではそれらの応用として、回帰分析という複数のデータ間の関係性について分析する手法を扱います。たとえば睡眠時間によってテストの点数が変化するかといったことを調べるとき、どの程度睡眠時間がテストの点数に影響を及ぼすかといったことを推定し、睡眠時間とテストの点数に関係はないという仮定に対して検定を行います。

PYTHON×MATH SERIES

STATISTICAL ANALYSIS WITH PYTHON

CHAPTER

05

TITLE

離散型確率変数

5章から9章にかけては統計解析に必要な確率の話が続きます。確率を学ぶためにある程度の数学は避けて通れません。そのため5章から9章までは少し数式が多くなります。

Pythonで統計解析をする場合、ライブラリがうまいこと計算してくれるため、裏にある数学を意識することはあまりないかもしれません。しかしながら、数式を知らずにライブラリの使い方だけを学んで統計解析ができるようになっても、それは統計解析をマスターしたというよりもライブラリの使い方をマスターしただけです。統計解析を理解するためには、下地となる数学を知っておくことは重要です。

とはいえ数式だけで議論を進めると話は抽象的になりがちです。そのため本章では数式を定義したあとに具体例を出し、Pythonで表現するとどのようになるかといった形式で進めていきます。ライブラリはNumPyとMatplotlibを使い、数式をそのままNumPyで実装して適宜Matplotlibで図示していきます。

確率変数はとりうる値が離散か連続かによって離散型確率変数と連続型確率変数の2つに大別されます。そのため5章と6章では離散型確率変数、7章と8章では連続型確率変数と分けて扱うことにします。5章と7章では離散型と連続型それぞれについて、確率変数そのものの定義や、平均や分散、共分散といった指標を解説し、6章と8章で、離散型と連続型の代表的な確率分布について解説するという構成になっています。

本題に入る前にいつものようにライブラリをインポートしておきましょう。

In [1]:
```
import numpy as np
import matplotlib.pyplot as plt

%precision 3
%matplotlib inline
```

5.1 １次元の離散型確率変数

離散型確率変数はとりうる値が離散的な確率変数のことです。とりうる値が離散的とは、本書の範囲ではとりうる値が整数と考えて問題ありません。本節ではその中でも1次元の離散型確率変数について説明していきます。具体例としては4章で使ったいかさまサイコロを使っていきます。

5.1.1　1次元の離散型確率変数の定義

確率質量関数

4.2 節で学んだように確率変数は、とりうる値とその値が出る確率によって定義されます。このことは離散型確率変数の場合、確率変数 X のとりうる値の集合を $\{x_1, x_2, \ldots\}$ として、確率変数 X が x_k という値をとる確率を

$$P(X = x_k) = p_k \quad (k = 1, 2, \ldots)$$

と定義できます。

このとき確率は、とりうる値 x を引数にとる関数とみなすことができるため、

$$f(x) = P(X = x)$$

となる関数 $f(x)$ を考えることができ、それを**確率質量関数 (probability mass function, PMF)** 、または**確率関数**と呼びます。

とりうる値とその確率の具体的な対応が確率分布と呼ばれるもので、確率変数の確率分布が決まることで、その確率変数の振る舞いが定まることになります。

ここまでのことをいかさまサイコロを例にして Python を使って確認してみましょう。まず、とりうる値の集合を x_set として定義します。サイコロなのでこれは 1 から 6 の整数となります。集合と配列は厳密に言えば異なるものですが、ここでは便宜上 NumPy の配列である array に格納します。

In [2]:
```
x_set = np.array([1, 2, 3, 4, 5, 6])
```

次は x_set に対応する確率を定義していきます。いかさまサイコロは表 5.1 の確率分布に従うのでした。

表 5.1: いかさまサイコロの確率分布

出目	1	2	3	4	5	6
確率	1/21	2/21	3/21	4/21	5/21	6/21

そのため、確率 p_k を

$$p_1 = P(X=1) = 1/21$$
$$p_2 = P(X=2) = 2/21$$
$$\vdots$$

のように 1 つずつ定義していっても問題ありませんが、ここではスマートに確率関数を使うことにします。6 章で紹介する代表的な確率分布はすべて確率関数で定義されるので、簡単な例から確率関数に慣れておきましょう。

いかさまサイコロの確率関数は次のように定義できます。

$$f(x) = \begin{cases} x/21 & (x \in \{1,2,3,4,5,6\}) \\ 0 & (otherwise) \end{cases}$$

この関数がいかさまサイコロのとりうる値を入れたときに、その確率を返す関数になっていることを確認してください。

確率関数を Python で実装しましょう。

In [3]:
```
def f(x):
    if x in x_set:
        return x / 21
    else:
        return 0
```

とりうる値の集合と確率関数のセットが確率分布で、これによって確率変数 X の振る舞いが決まります。そのため X は x_set と f を要素にもつリストとして実装しましょう。

In [4]:
```
X = [x_set, f]
```

これで確率変数 X を定義できました。確率関数から各 x_k の確率 p_k を求めてみましょう。ここでは x_k と確率 p_k の対応を辞書型にして表示しています。

In [5]:
```
# 確率p_kを求める
prob = np.array([f(x_k) for x_k in x_set])
# x_kとp_kの対応を辞書型にして表示
```

```
dict(zip(x_set, prob))
```

Out[5]:

```
{1: 0.048, 2: 0.095, 3: 0.143, 4: 0.190, 5: 0.238, 6: 0.286}
```

とりうる値と確率の対応を棒グラフにしてみましょう。グラフにすることで確率分布がどのようになっているか視覚的に理解できるようになります。

In [6]:

```
fig = plt.figure(figsize=(10, 6))
ax = fig.add_subplot(111)
ax.bar(x_set, prob)
ax.set_xlabel('とりうる値')
ax.set_ylabel('確率')

plt.show()
```

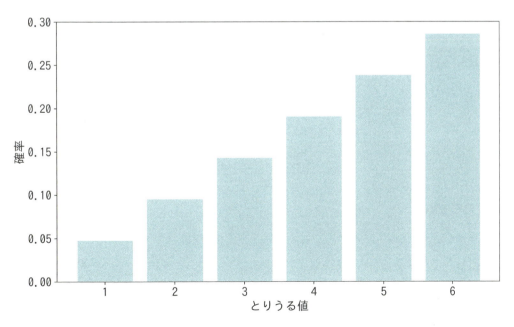

図 5.1: 確率の分布

確率の性質

次に確率の重要な性質を見ていきます。確率は絶対に 0 以上で、すべての確率を足すと 1 にならなければなりません。つまり確率関数は次の 2 つの式を満たします。

> **確率の性質**
> $$f(x_k) \geq 0$$
> $$\sum_k f(x_k) = 1$$

確率がすべて 0 以上であるかは `np.all` 関数を使うことで確認できます。`np.all` はすべての要素が真のときのみ真を返す関数です。

In [7]:
```
np.all(prob >= 0)
```

Out[7]:
```
True
```

確率の総和が 1 になっていることも確認しましょう。

In [8]:
```
np.sum(prob)
```

Out[8]:
```
1.000
```

累積分布関数

確率関数は確率変数 X が x になるときの確率を返す関数でしたが、確率変数 X が x 以下になるときの確率を返す関数もよく使われます。そのような関数 $F(x)$ を**累積分布関数 (cumulative distribution function, CDF)**、または単に分布関数といい、次のように定義されます。

$$F(x) = P(X \leq x) = \sum_{x_k \leq x} f(x_k)$$

Python では次のように書くことができます。

In [9]:
```python
def F(x):
    return np.sum([f(x_k) for x_k in x_set if x_k <= x])
```

分布関数を使うことで、たとえば出目が 3 以下になる確率は次のよう求めることができます。

In [10]:
```python
F(3)
```

Out[10]:

0.286

確率変数の変換

最後に確率変数の変換を考えてみましょう。確率変数の変換とは、確率変数 X に 2 をかけて 3 を足した $2X+3$ といったもので、確率変数を標準化する（平均を引いて標準偏差で割る）ときなどに重要となる操作です。

ここでの疑問は、変換を行った $2X+3$ は確率変数なのか、そしてもし確率変数だとするとその確率分布はどのようになっているか、ということです。

これはサイコロの例で考えるとわかりやすいです。サイコロの出目は確率変数でしたので、これを X とすると $2X+3$ はサイコロの出目に 2 をかけて 3 を足した数字ということになります。サイコロの出目に 2 をかけて 3 を足した数字は、とりうる値が $\{5, 7, 9, 11, 13, 15\}$ と決まっていて、それぞれの確率も定まっているため、これもまた確率変数になっていることがわかります。

ここで $2X+3$ を確率変数 Y としましょう。すると Y の確率分布は次のようになります。

In [11]:
```python
y_set = np.array([2 * x_k + 3 for x_k in x_set])
prob = np.array([f(x_k) for x_k in x_set])
dict(zip(y_set, prob))
```

```
Out[11]:
    {5: 0.048, 7: 0.095, 9: 0.143, 11: 0.190, 13: 0.238, 15: 0.286}
```

Y の確率関数を求めることもできますが、本書ではそこまで踏み込みません。確率変数の変換を定義でき、変換後も確率変数になるということを押さえておけば十分です。

5.1.2　1次元の離散型確率変数の指標

2章では1次元のデータについて平均や分散といった指標があることを見てきました。1次元の確率変数についても同様に平均や分散といった指標を定義でき、確率変数の特徴を捉えることができます。

期待値

まずは平均から考えていきます。2章で扱ったデータについての平均と同様、確率変数についての平均は確率変数の中心を表す指標になります。データの平均はデータをすべて足してデータ数で割るというなじみのある定義でしたが、確率変数の平均の場合はどうでしょうか。

数式を出してもイメージがしづらいので先に直感的な説明をすると、確率変数の平均とは確率変数を何回も（無限回）試行して得られた実現値の平均のことを指します[*1]。サイコロであれば、無限回サイコロを振って得た出目の平均です。

ただ、当然ながら無限回の試行を行うことはできません。そのため離散型確率変数の場合、確率変数の平均は確率変数のとりうる値とその確率の積の総和として定義されます。

$$E(X) = \sum_k x_k f(x_k)$$

この式で計算される値が、確率変数を無限回試行して得られた実現値の平均と一致することは不思議に思うかもしれませんが、このことについてはすぐ後で確かめます。

確率変数の平均は**期待値 (expected value)** とも呼ばれます。これらの用語はあまり区別されませんが、本書では期待値という表記に統一します。記号には μ（ミュー）や $E(X)$ という表記がよく使われます[*2]。

それでは、いかさまサイコロの期待値を定義通り計算してみましょう。

[*1] 確率分布から限りなく大きいサンプルサイズで無作為抽出した標本データの平均ということもできます。
[*2] 期待値の演算としての意味合いが強いときは $E(X)$、期待値の値そのものに関心がある場合は μ で表します。

In [12]:

```
np.sum([x_k * f(x_k) for x_k in x_set])
```

Out[12]:

4.333

前述したように、確率変数の期待値は無限回試行したときの実現値の平均です。このことを Python で確かめてみましょう。Python といえども無限回の試行はできないので、ここでは 100 万 $(= 10^6)$ 回サイコロを振ってみます。

In [13]:

```
sample = np.random.choice(x_set, int(1e6), p=prob)
np.mean(sample)
```

Out[13]:

4.333

確かに定義通り計算した期待値と一致していそうです。このあとも確率変数の分散や共分散などが出てきますが、それらはすべて無限回試行して得た実現値の（データに対して定義される）分散や共分散と考えることができます。

先ほど、変換した確率変数もまた確率変数であることを説明しました。そのため変換した確率変数の期待値も考えることができます。これは 9 章以降で標準化した確率分布の期待値を扱う上で重要になってきます。

簡単な例として、確率変数 X を $2X + 3$ と変換した確率変数 Y の期待値について考えます。この場合、期待値は x_k の部分を $2x_k + 3$ に置き換えた次の式で定義されます。

$$E(Y) = E(2X + 3) = \sum_k (2x_k + 3) f(x_k)$$

より一般に、確率変数 X の関数 $g(X)$ の期待値が定義できます。

— 離散型確率変数の期待値 —

$$E(g(X)) = \sum_k g(x_k) f(x_k)$$

これを期待値の関数として実装しておきます。引数 g が確率変数に対する変換の関数に

なっています。

In [14]:
```
def E(X, g=lambda x: x):
    x_set, f = X
    return np.sum([g(x_k) * f(x_k) for x_k in x_set])
```

g に何も指定しなければ確率変数 X の期待値を求めることになります。

In [15]:
```
E(X)
```

Out[15]:

4.333

確率変数 $Y = 2X + 3$ の期待値は次のように計算できます。

In [16]:
```
E(X, g=lambda x: 2*x + 3)
```

Out[16]:

11.667

期待値には次のような線形性という性質があります。この性質を使うことで $aX + b$ のような変換をした確率変数の期待値を、X の期待値で求めることができます。

期待値の線形性

a, b を実数、X を確率変数としたとき
$$E(aX + b) = aE(X) + b$$
が成り立つ。

$E(2X + 3)$ が $2E(X) + 3$ と等しいか確認してみます。

In [17]:
```
2 * E(X) + 3
```

Out[17]:

    11.667

確かに線形性が成り立っているようです。

分散

確率変数の分散もデータについての分散と同様に、ばらつきを表す指標になります。離散型確率変数の場合、分散は次の式のように偏差の二乗の期待値として定義されます。ここで μ は確率変数 X の期待値で $E(X)$ です。

$$V(X) = \sum_k (x_k - \mu)^2 f(x_k)$$

記号には σ（シグマ）を使って σ^2 や $V(X)$ という表記がよく使われます[*3]。なお、ただの σ は確率変数 X の標準偏差を表します。

それではいかさまサイコロの分散を求めてみましょう。

In [18]:
```
mean = E(X)
np.sum([(x_k-mean)**2 * f(x_k) for x_k in x_set])
```

Out[18]:

    2.222

変換した確率変数についても分散を定義できます。簡単な例として、確率変数 X を $2X+3$ と変換した確率変数 Y を考えます。このとき Y の分散は次の式で定義されます。ただし $\mu = E(2X+3)$ です。

$$V(2X+3) = \sum_k ((2x_k+3) - \mu)^2 f(x_k)$$

より一般に、確率変数 X の関数 $g(X)$ の分散が定義できます。

─ 離散型確率変数の分散 ─

$$V(g(X)) = \sum_k (g(x_k) - E(g(X)))^2 f(x_k)$$

[*3] 期待値と同様に、分散の演算としての意味合いが強いときは $V(X)$、分散の値そのものに関心がある場合は σ^2 で表します。

これを分散の関数として実装しておきます。引数 g が確率変数に対する変換の関数です。

In [19]:
```
def V(X, g=lambda x: x):
    x_set, f = X
    mean = E(X, g)
    return np.sum([(g(x_k)-mean)**2 * f(x_k) for x_k in x_set])
```

g を指定しなければ、確率変数 X の分散を計算します。

In [20]:
```
V(X)
```

Out[20]:

2.222

確率変数 $Y = 2X + 3$ の分散は次のように計算できます。

In [21]:
```
V(X, lambda x: 2*x + 3)
```

Out[21]:

8.889

期待値と同様、分散でも $V(2X+3)$ を $V(X)$ を使って計算できます。そのためには次の公式を使います。

分散の公式

a, b を実数、X を確率変数として

$$V(aX + b) = a^2 V(X)$$

が成り立つ。

この公式を使うと $V(2X+3) = 2^2 V(X)$ になることがわかります。

In [22]:

```
2**2 * V(X)
```

Out[22]:

```
8.889
```

5.2 2次元の離散型確率変数

本節では 2 次元の離散型確率変数について説明していきます。具体例として、2 つのいかさまサイコロを使います。

5.2.1 2 次元の離散型確率変数の定義

同時確率分布

2 次元の確率変数では、1 次元の確率変数を 2 つ同時に扱い (X, Y) と表記します。そしてその振る舞いは、とりうる値の組み合わせの集合とその確率によって定まります。

すなわち、(X, Y) のとりうる値の組み合わせの集合を

$$\{(x_i, y_j) \mid i = 1, 2, \ldots; j = 1, 2, \ldots\}$$

とすると、確率はそれぞれのとりうる値の組み合わせについて定義できて、確率変数 X が x_i、確率変数 Y が y_j をとる確率は

$$P(X = x_i, Y = y_j) = p_{ij} \quad (i = 1, 2, \ldots; j = 1, 2, \ldots)$$

と表すことができます。このように確率変数 (X, Y) の振る舞いを同時に考えた分布のことを**同時確率分布 (joint probability distribution)** または単に同時分布といいます。

2 次元の確率変数の単純な具体例として、いかさまサイコロ A, B の 2 つを投げ、A の出目を確率変数 X、B の出目を確率変数 Y としたときの (X, Y) が挙げられます。しかしながら、そのような 2 次元確率分布は共分散が 0 になってしまうなど本節で扱うには面白くありません。そのため本節ではサイコロ A の出目を Y、サイコロ A の出目とサイコロ B の出目を足したものを X とした 2 次元の確率分布を考えることにします。このとき X と Y それぞれのとりうる値の集合は、Y が $\{1, 2, 3, 4, 5, 6\}$、X が $\{2, 3, 4, 5, 6, 7, 8, 9, 10, 11, 12\}$ です。

確率はどのようになっているでしょうか。たとえば、$X=9$ で $Y=4$ のときの確率を考えてみましょう。これは A と B の出目の和が 9 で A の出目が 4 だったということなので、B の出目は 5 とわかります。結局その確率は、A の出目が 4 で、B の出目が 5 となる同時確率を求めればよいので $4/21 \times 5/21 = 20/441$ と計算できます。

同様にすべての (X, Y) の組み合わせについて確率を計算していき、表としてまとめると表 5.2 のようになります。

表 5.2: いかさまサイコロの同時確率分布

X \ Y	1	2	3	4	5	6
2	1/441	0	0	0	0	0
3	2/441	2/441	0	0	0	0
4	3/441	4/441	3/441	0	0	0
5	4/441	6/441	6/441	4/441	0	0
6	5/441	8/441	9/441	8/441	5/441	0
7	6/441	10/441	12/441	12/441	10/441	6/441
8	0	12/441	15/441	16/441	15/441	12/441
9	0	0	18/441	20/441	20/441	18/441
10	0	0	0	24/441	25/441	24/441
11	0	0	0	0	30/441	30/441
12	0	0	0	0	0	36/441

2 次元確率分布の確率は x と y を引数にとる関数とみることができます。そのような $P(X=x, Y=y) = f_{XY}(x,y)$ となる関数 $f_{XY}(x,y)$ を **同時確率関数 (joint probability function)** といいます。

この場合、同時確率関数は

$$f_{XY}(x,y) = \begin{cases} y(x-y)/441 & (y \in \{1,2,3,4,5,6\} \text{ かつ } x-y \in \{1,2,3,4,5,6\}) \\ 0 & (otherwise) \end{cases}$$

となります。

確率の性質

2 次元の離散型確率変数も 1 次元のときと同様に、確率は必ず 0 以上で全確率が 1 でなければなりません。そのため 2 次元の離散型確率変数は確率の性質として次の 2 つの式を満たす必要があります。

5.2 2次元の離散型確率変数

確率の性質

$$f_{XY}(x_i, y_j) \geq 0$$
$$\sum_i \sum_j f_{XY}(x_i, y_j) = 1$$

ここまでのことを Python で実装していきましょう。まず、X と Y のとりうる値の集合をそれぞれ x_set と y_set として定義します。

In [23]:
```python
x_set = np.arange(2, 13)
y_set = np.arange(1, 7)
```

次に同時確率関数を定義します。

In [24]:
```python
def f_XY(x, y):
    if 1 <= y <=6 and 1 <= x - y <= 6:
        return y * (x-y) / 441
    else:
        return 0
```

確率変数 (X, Y) の振る舞いは x_set と y_set と f_xy によって定義されるので、これらをリストにして XY としましょう。

In [25]:
```python
XY = [x_set, y_set, f_XY]
```

確率分布をヒートマップを使って図示してみます。

In [26]:
```python
prob = np.array([[f_XY(x_i, y_j) for y_j in y_set]
                 for x_i in x_set])

fig = plt.figure(figsize=(10, 8))
ax = fig.add_subplot(111)
```

```
c = ax.pcolor(prob)
ax.set_xticks(np.arange(prob.shape[1]) + 0.5, minor=False)
ax.set_yticks(np.arange(prob.shape[0]) + 0.5, minor=False)
ax.set_xticklabels(np.arange(1, 7), minor=False)
ax.set_yticklabels(np.arange(2, 13), minor=False)
# y軸を下が大きい数字になるように、上下逆転させる
ax.invert_yaxis()
# x軸の目盛りをグラフ上側に表示
ax.xaxis.tick_top()
fig.colorbar(c, ax=ax)
plt.show()
```

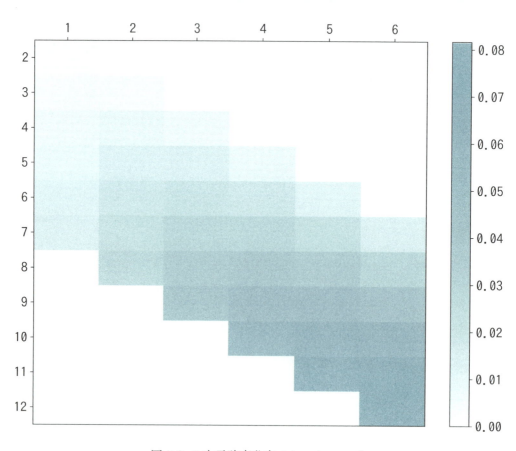

図 5.2: 2次元確率分布のヒートマップ

確率の性質は満たされているでしょうか。まずは確率が必ず 0 以上になっているかの確認です。

In [27]:
```
np.all(prob >= 0)
```

Out[27]:

True

問題なさそうです。確率の総和は 1 になっているでしょうか。

In [28]:
```
np.sum(prob)
```

Out[28]:

1.000

こちらも大丈夫そうです。これらから確率の性質が満たされていることが確認できました。

周辺確率分布

確率変数 (X, Y) は同時確率関数によって同時に定義されていましたが、それぞれの確率変数にだけ興味があることがあります。たとえば確率変数 X のみの振る舞い、すなわち確率変数 X の確率関数を知りたい状況です。

このようなとき確率変数 X の確率関数 $f_X(x)$ は、同時確率関数 f_{XY} に Y のとりうる値すべてを代入して足し合わた

$$f_X(x) = \sum_k f_{XY}(x, y_k)$$

によって求めることができます。これは同時確率関数 f_{XY} から確率変数 Y の影響を取り除くと、確率変数 X の振る舞いを記述する確率変数 X の確率関数のみが残ると考えるとイメージしやすいかと思います。このようにして求められた $f_X(x)$ のことを X の**周辺確率分布** (marginal probability distribution) または単に X の**周辺分布**といいます。

Python で実装してみましょう。X の周辺分布と Y の周辺分布はそれぞれ次のようになります。

In [29]:
```
def f_X(x):
    return np.sum([f_XY(x, y_k) for y_k in y_set])
```

In [30]:
```
def f_Y(y):
    return np.sum([f_XY(x_k, y) for x_k in x_set])
```

周辺分布が求まったことで、X と Y をそれぞれ独立に考えることができます。

In [31]:
```
X = [x_set, f_X]
Y = [y_set, f_Y]
```

X, Y それぞれについて確率の分布がどのようになっているか図示してみましょう。prob_x と prob_y がそれぞれ確率としての性質を満たしていることも確かめてみてください。

In [32]:
```
prob_x = np.array([f_X(x_k) for x_k in x_set])
prob_y = np.array([f_Y(y_k) for y_k in y_set])

fig = plt.figure(figsize=(12, 4))
ax1 = fig.add_subplot(121)
ax2 = fig.add_subplot(122)

ax1.bar(x_set, prob_x)
ax1.set_title('X の周辺分布')
ax1.set_xlabel('X のとりうる値')
ax1.set_ylabel('確率')
ax1.set_xticks(x_set)

ax2.bar(y_set, prob_y)
```

```
ax2.set_title('Yの周辺分布')
ax2.set_xlabel('Yのとりうる値')
ax2.set_ylabel('確率')

plt.show()
```

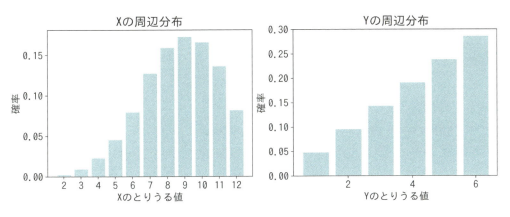

図 5.3: 周辺分布

5.2.2 2 次元の離散型確率変数の指標

2 次元の離散型確率変数については期待値や分散といった指標のほか、3 章で学んだ共分散や相関係数といった指標を定義できます。

期待値

期待値は 1 次元のときとほとんど同じで、X の期待値であれば x_i と確率の積の和で求めることができます。

$$\mu_X = E(X) = \sum_i \sum_j x_i f_{XY}(x_i, y_j)$$

この数式を Python でそのまま実装すると次のようになります。

```
In [33]:
np.sum([x_i * f_XY(x_i, y_j) for x_i in x_set for y_j in y_set])
```

Out[33]:

8.667

一般に X, Y の関数 $g(X, Y)$ の期待値を定義でき、次のようになります。

$$E(g(X,Y)) = \sum_i \sum_j g(x_i, y_j) f_{XY}(x_i, y_j)$$

これを期待値の関数として実装しましょう。

In [34]:
```
def E(XY, g):
    x_set, y_set, f_XY = XY
    return np.sum([g(x_i, y_j) * f_XY(x_i, y_j)
                    for x_i in x_set for y_j in y_set])
```

X と Y の期待値はそれぞれ次のように求めることができます。

In [35]:
```
mean_X = E(XY, lambda x, y: x)
mean_X
```

Out[35]:

8.667

In [36]:
```
mean_Y = E(XY, lambda x, y: y)
mean_Y
```

Out[36]:

4.333

5.1 節で見たように期待値には線形性があります。それは確率変数が 2 次元になっても同様です。

> **期待値の線形性**
>
> a, b を実数、X, Y を確率変数としたとき
> $$E(aX + bY) = aE(X) + bE(Y)$$
> が成り立つ。

a, b を $2, 3$ として線形性が成り立っているか確かめてみましょう。

In [37]:
```
a, b = 2, 3
```

In [38]:
```
E(XY, lambda x, y: a*x + b*y)
```

Out[38]:
```
30.333
```

In [39]:
```
a * mean_X + b * mean_Y
```

Out[39]:
```
30.333
```

分散

分散も 1 次元のときとほとんど同じで、X の分散であれば X についての偏差の二乗の期待値によって求めることができます。

$$\sigma_X^2 = V(X) = \sum_i \sum_j (x_i - \mu_X)^2 f_{XY}(x_i, y_j)$$

Python の実装は次のとおりです。

In [40]:
```
np.sum([(x_i-mean_X)**2 * f_XY(x_i, y_j)
        for x_i in x_set for y_j in y_set])
```

Out[40]:

4.444

一般に X, Y の関数 $g(X, Y)$ の分散を求めることができ、次のようになります。

$$V(g(X,Y)) = \sum_i \sum_j (g(x_i, y_j) - E(g(X,Y)))^2 f_{XY}(x_i, y_j)$$

これを分散の関数として実装しましょう。

In [41]:
```
def V(XY, g):
    x_set, y_set, f_XY = XY
    mean = E(XY, g)
    return np.sum([(g(x_i, y_j)-mean)**2 * f_XY(x_i, y_j)
                   for x_i in x_set for y_j in y_set])
```

X と Y の分散はそれぞれの次のように求まります。

In [42]:
```
var_X = V(XY, g=lambda x, y: x)
var_X
```

Out[42]:

4.444

In [43]:
```
var_Y = V(XY, g=lambda x, y: y)
var_Y
```

Out[43]:

2.222

共分散

共分散を使うことで2つの確率変数 X, Y の間にどの程度相関があるかわかります。

$$\sigma_{XY} = Cov(X, Y) = \sum_i \sum_j (x_i - \mu_X)(y_j - \mu_Y) f_{XY}(x_i, y_j)$$

In [44]:

```
def Cov(XY):
    x_set, y_set, f_XY = XY
    mean_X = E(XY, lambda x, y: x)
    mean_Y = E(XY, lambda x, y: y)
    return np.sum([(x_i-mean_X) * (y_j-mean_Y) * f_XY(x_i, y_j)
                    for x_i in x_set for y_j in y_set])
```

In [45]:

```
cov_xy = Cov(XY)
cov_xy
```

Out[45]:

2.222

分散と共分散に関しては次の公式が成り立ちます。

--- 分散と共分散の公式 ---

a, b を実数、X, Y を確率変数としたとき

$$V(aX + bY) = a^2 V(X) + b^2 V(Y) + 2ab Cov(X, Y)$$

が成り立つ。

$V(2X + 3Y) = 4V(X) + 9V(Y) + 12Cov(X, Y)$ を確かめてみましょう。

In [46]:

```
V(XY, lambda x, y: a*x + b*y)
```

Out[46]:

64.444

In [47]:

```
a**2 * var_X + b**2 * var_Y + 2*a*b * cov_xy
```

Out[47]:

64.444

相関係数

最後は相関係数です。確率変数の相関係数は、データについての相関係数と同様に、共分散をそれぞれの標準偏差で割ることで求まります。記号には ρ（ロー）が使われます。

$$\rho_{XY} = \rho(X, Y) = \frac{\sigma_{XY}}{\sigma_X \sigma_Y}$$

In [48]:

```
cov_xy / np.sqrt(var_X * var_Y)
```

Out[48]:

0.707

PYTHON×MATH SERIES

STATISTICAL ANALYSIS WITH PYTHON

CHAPTER

06

TITLE

代表的な離散型確率分布

5章では離散型確率変数の定義や期待値といった基本的な指標について見てきました。本章ではよく使われる離散型確率分布について見ていきます。4章で見たように推測統計は限られた標本から母集団の平均や分散といった指標を推定することが目的です。しかしながら、母集団の確率分布の形状に何も仮定を置かないでそのような指標を推定することは簡単なものではありません。このように母集団の確率分布に何の仮定も置かないことを**ノンパラメトリック**な手法といいます。

ノンパラメトリックと対照となるのが**パラメトリック**な手法です。これは、母集団はこういう性質のはずだからこんな形状を持った確率分布だろうとある程度仮定を置いて、あとは確率分布の期待値や分散を決める少数のパラメタのみを推測する方法です。ある程度形を決め打ちするのでモデルとしての表現力は乏しくなりますが、推定は簡単になり解釈しやすいモデルを作ることができます。本書の大部分はこの**パラメトリック**な手法について説明していきます。

母集団の確率分布に何らかの仮定を置くにしても、確率分布を知らなければ話にならないため、さまざまな確率分布について知っていくことはとても大切です。そのため本章では代表的な離散型確率分布について紹介し、それぞれの確率分布がどのような場面で使われるかを説明していきます。

Pythonでの実装方法としては5章で行ったようなNumPyによる実装と、SciPyのstatsモジュールを使った実装の2通りで行っていきます。NumPyを使った実装は数式をそのままPythonのコードに落とす形になりますので、より確率分布について理解を深めることができるでしょう。一方、SciPyのstatsモジュールは統計計算のためのさまざまなツールが揃ったライブラリです。こちらは数式をほとんど意識することなく実装できます。statsモジュールは統計解析を行う上でとても便利なライブラリなので、本書でも頻繁に使用していくことになります。

本題に入る前にいくつか準備をしておきましょう。まずはライブラリのインポートです。

In [1]:

```
import numpy as np
import matplotlib.pyplot as plt
from scipy import stats

%precision 3
%matplotlib inline
```

本章では離散型確率分布の性質を確認しやすくするため、いくつかの関数をあらかじめ用意しておきます。E(X) と V(X) は 5.1 節で定義した期待値と分散の関数です。check_prob は確率変数を引数に、その確率変数が確率の性質を満たしているか確認し、期待値と分散を計算して返す関数になっています。そして plot_prob は確率変数を引数に、その確率変数の確率関数と期待値を図示するための関数です。

In [2]:

```
# グラフの線の種類
linestyles = ['-', '--', ':']


def E(X, g=lambda x: x):
    x_set, f = X
    return np.sum([g(x_k) * f(x_k) for x_k in x_set])


def V(X, g=lambda x: x):
    x_set, f = X
    mean = E(X, g)
    return np.sum([(g(x_k)-mean)**2 * f(x_k) for x_k in x_set])


def check_prob(X):
    x_set, f = X
    prob = np.array([f(x_k) for x_k in x_set])
    assert np.all(prob >= 0), '負の確率があります'
    prob_sum = np.round(np.sum(prob), 6)
    assert prob_sum == 1, f'確率の和が {prob_sum} になりました'
    print(f'期待値は {E(X):.4}')
    print(f'分散は {(V(X)):.4}')


def plot_prob(X):
    x_set, f = X
    prob = np.array([f(x_k) for x_k in x_set])

    fig = plt.figure(figsize=(10, 6))
```

```
        ax = fig.add_subplot(111)
        ax.bar(x_set, prob, label='prob')
        ax.vlines(E(X), 0, 1, label='mean')
        ax.set_xticks(np.append(x_set, E(X)))
        ax.set_ylim(0, prob.max()*1.2)
        ax.legend()

        plt.show()
```

6.1 ベルヌーイ分布

ベルヌーイ分布 (Bernoulli distribution) はもっとも基本的な離散型確率分布で、とりうる値が 0 と 1 しかない確率分布です。ベルヌーイ分布に従う確率変数の試行のことをベルヌーイ試行といい、1 が出ることを成功、0 が出ることを失敗といいます。

とりうる値が 2 つしかなく、確率の和は 1 という性質から、どちらかの確率が定まればもう一方も自動的に定まります。そのためベルヌーイ分布では 1 が出る確率を p、0 が出る確率を $1-p$ とします。この p がベルヌーイ分布の形を調整できる唯一のパラメタで、確率の性質を満たすために $0 \leq p \leq 1$ を満たす必要があります。本書ではパラメタが p のベルヌーイ分布を $Bern(p)$ と表記します。

$Bern(p)$ の確率関数は次のようになります。

ベルヌーイ分布の確率関数

$$f(x) = \begin{cases} p^x(1-p)^{1-x} & (x \in \{0, 1\}) \\ 0 & (otherwise) \end{cases}$$

一見複雑ですが、この関数に 1 を代入すると p が返り、0 を代入すると $1-p$ が返ることを確認してみてください。

とりうる値が 2 通りしかないものはすべてベルヌーイ分布で考えることができます。具体例としては次のようなものが挙げられます。

コインを投げて表が出るかどうか

表と裏の出る確率が等しい普通のコインを投げて、表が出たら 1、裏が出たら 0 とする確率変数 X は $Bern(1/2)$ に従います。このことからコインを投げて表が出る確率

であれば
$$P(X=1) = (1/2)^1 \times (1-1/2)^{1-1} = 1/2$$
と求めることができます。

サイコロを 1 回投げて、6 が出るかどうか

すべての出目が出る確率が等しい普通のサイコロを投げて、6 が出たら 1、それ以外が出たら 0 とする確率変数 X は $Bern(1/6)$ に従います。このことからサイコロを投げて 6 が出ない確率であれば
$$P(X=0) = (1/6)^0 \times (1-1/6)^{1-0} = 5/6$$
と求めることができます。

ベルヌーイ分布の期待値と分散は次のようになります。これはベルヌーイ分布の確率関数を 5.1 節で定義した期待値と分散の式に代入することで求めることができます。

ベルヌーイ分布の期待値と分散

$X \sim Bern(p)$ とするとき
$$E(X) = p, \quad V(X) = p(1-p)$$

それではベルヌーイ分布を NumPy で実装してみましょう。パラメタを定めれば確率分布が確定するので、パラメタ p を引数に x_set と f を返す関数で実装します。

In [3]:
```
def Bern(p):
    x_set = np.array([0, 1])
    def f(x):
        if x in x_set:
            return p ** x * (1-p) ** (1-x)
        else:
            return 0
    return x_set, f
```

$Bern(0.3)$ に従う確率変数 X を作ってみます。

In [4]:

```
p = 0.3
X = Bern(p)
```

期待値と分散を計算してみましょう。期待値は 0.3、分散は $0.3 \times 0.7 = 0.21$ となるはずです。

In [5]:

```
check_prob(X)
```

Out[5]:

期待値は 0.3

分散は 0.21

確率変数 X を図示してみましょう。中央の縦線が確率変数 X の期待値を示しています。

In [6]:

```
plot_prob(X)
```

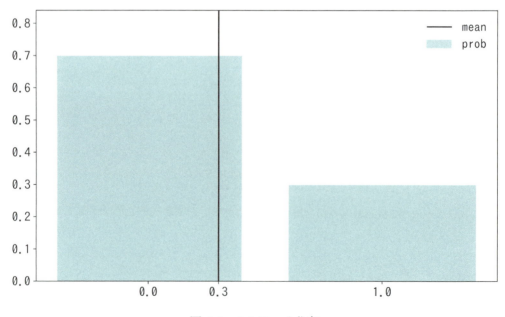

図 6.1: ベルヌーイ分布

次にscipy.statsを使った実装を見ていきます。scipy.statsにはベルヌーイ分布に従う確率変数を作ることができるbernoulli関数があります。bernoulli関数は引数にパラメタpをとり、返り値として$Bern(p)$に従うrv_frozen objectを返します。rv_frozen objectはscipy.statsにおける確率変数に相当するもので、これから見ていくようにさまざまなメソッドを持っています。

In [7]:
```
rv = stats.bernoulli(p)
```

rv[*1]のpmfメソッドは確率関数を計算できます。0と1をそれぞれ渡すと、その値をとる確率が返ってきます。

In [8]:
```
rv.pmf(0), rv.pmf(1)
```

Out[8]:
```
(0.700, 0.300)
```

pmfメソッドは引数にリストを渡すこともできます。この場合、リストの各要素に対する確率を格納したNumPyのarrayが返ってきます。

In [9]:
```
rv.pmf([0, 1])
```

Out[9]:
```
array([0.7, 0.3])
```

cdfメソッドを使うことで累積密度関数を計算できます。こちらも引数にリストを渡すことができます。

In [10]:
```
rv.cdf([0, 1])
```

[*1] rvはRandom Variable(確率変数)の略です。

```
Out[10]:

    array([0.7, 1. ])
```

mean メソッドや var メソッドを呼び出すことで期待値や分散を計算できます。

```
In [11]:

    rv.mean(), rv.var()
```

```
Out[11]:

    (0.300, 0.210)
```

以上が scipy.stats の確率変数の基本的な使い方です。
最後にベルヌーイ分布のまとめを表 6.1 に示します。

表 6.1: ベルヌーイ分布のまとめ

パラメタ	p
とりうる値	$\{0, 1\}$
確率関数	$p^x(1-p)^{1-x}$
期待値	p
分散	$p(1-p)$
scipy.stats	bernoulli(p)

6.2　二項分布

二項分布 (binomial distribution) は成功確率が p のベルヌーイ試行を n 回行ったときの成功回数が従う分布です。成功する回数は 0 回から n 回まであるので、とりうる値は $\{0, 1, \ldots, n\}$ です。

二項分布のパラメタには成功確率の p と試行回数の n の 2 つがあり、p は $0 \leq p \leq 1$ で、n は 1 以上の整数である必要があります。本書ではパラメタが n, p の二項分布を $Bin(n, p)$ と表記します。

$Bin(n, p)$ の確率関数は次のようになります。ここで $_n\mathrm{C}_x$ はコンビネーションと呼ばれる記号で、n 個の異なるものの中から x 個を選んでできる組み合わせの数を表し、

$_n\mathrm{C}_x = \frac{n!}{x!(n-x)!}$ で定義されます [*2]。

二項分布の確率関数

$$f(x) = \begin{cases} {}_n\mathrm{C}_x p^x (1-p)^{n-x} & (x \in \{0, 1, \ldots, n\}) \\ 0 & (otherwise) \end{cases}$$

二項分布の具体例としては次のようなものが挙げられます。

10回コインを投げて表が出る回数

これは $p = 1/2$ のベルヌーイ試行を10回行ったときの成功回数と考えることができるので $Bin(10, 1/2)$ に従います。このことからコインを10回投げて表が3回出る確率であれば

$$P(X = 3) = {}_{10}\mathrm{C}_3 (1/2)^3 (1 - 1/2)^{10-3} = 15/128$$

と求めることができます。

4回サイコロを投げて6が出る回数

これは $p = 1/6$ のベルヌーイ試行を4回行ったときの成功回数と考えることができるので $Bin(4, 1/6)$ に従います。このことから4回サイコロを投げて6が1回も出ない確率であれば

$$P(X = 0) = {}_4\mathrm{C}_0 (1/6)^0 (1 - 1/6)^{4-0} = 625/1296$$

と求めることができます。

二項分布の期待値と分散は次のようになります。

二項分布の期待値と分散

$X \sim Bin(n, p)$ とするとき

$$E(X) = np, \quad V(X) = np(1-p)$$

二項分布を NumPy で実装していきましょう。コンビネーション $_n\mathrm{C}_x$ の計算には `scipy.special` にある `comb` 関数を使います。

[*2] 6人の学生から2人選ぶ組み合わせであれば、$_6\mathrm{C}_2 = \frac{6!}{2!4!} = \frac{6 \cdot 5 \cdot 4 \cdot 3 \cdot 2}{2 \cdot 4 \cdot 3 \cdot 2} = 15$ で15通りと計算できます。

In [12]:

```
from scipy.special import comb

def Bin(n, p):
    x_set = np.arange(n+1)
    def f(x):
        if x in x_set:
            return comb(n, x) * p**x * (1-p)**(n-x)
        else:
            return 0
    return x_set, f
```

$Bin(10, 0.3)$ に従う確率変数 X を作ってみましょう。

In [13]:

```
n = 10
p = 0.3
X = Bin(n, p)
```

期待値は $10 \times 0.3 = 3$、分散は $10 \times 0.3 \times 0.7 = 2.1$ となります。

In [14]:

```
check_prob(X)
```

Out[14]:

期待値は 3.0
分散は 2.1

図示してみましょう。二項分布は期待値でピークをとる山形の分布となります。

In [15]:

```
plot_prob(X)
```

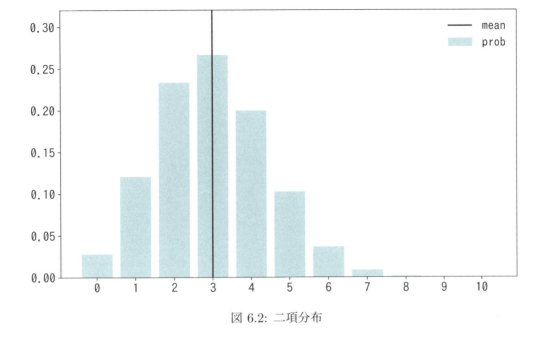

図 6.2: 二項分布

scipy.stats では二項分布の確率変数は binom 関数によって作ることができます。n を 10 に固定して、p を 0.3, 0.5, 0.7 に変化させて二項分布がどのような形になるか見てみましょう[*3]。

In [16]:

```
fig = plt.figure(figsize=(10, 6))
ax = fig.add_subplot(111)

x_set = np.arange(n+1)
for p, ls in zip([0.3, 0.5, 0.7], linestyles):
    rv = stats.binom(n, p)
    ax.plot(x_set, rv.pmf(x_set),
            label=f'p:{p}', ls=ls, color='gray')
ax.set_xticks(x_set)
ax.legend()
plt.show()
```

[*3] 公開してある notebook では二項分布のパラメタをインタラクティブに変化させることができます。そちらもぜひ参照してください。

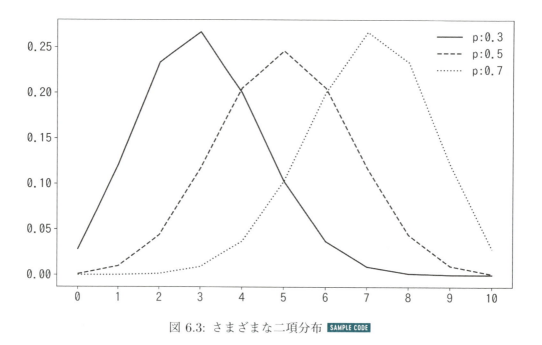

図 6.3: さまざまな二項分布 SAMPLE CODE

p が大きくなるほど、ピークとなる値が大きくなっています。また、$p = 0.5$ のときは左右対称形に分布し、$p = 0.3$ と $p = 0.7$ が対称の関係にあることが見て取れます。

最後に二項分布のまとめを表 6.2 に示します。

表 6.2: 二項分布のまとめ

パラメタ	n, p
とりうる値	$\{0, 1, \ldots, n\}$
確率関数	${}_n C_x p^x (1-p)^{n-x}$
期待値	np
分散	$np(1-p)$
`scipy.stats`	$\text{binom}(n, p)$

6.3 幾何分布

幾何分布 (geometric distribution) はベルヌーイ試行を繰り返して、初めて成功するまでの試行回数が従う確率分布です。幾何分布は 1 回目で成功することもあれば延々と失敗を続けることもありえるので、とりうる値は 1 以上の整数全体 $\{1, 2, \ldots\}$ となります。

幾何分布のパラメタはベルヌーイ試行の成功確率パラメタ p となります。ベルヌーイ試行の成功確率パラメタなので p は $0 \leq p \leq 1$ を満たす必要があります。本書ではパラメタ p の幾何分布を $Ge(p)$ と表記します。

幾何分布の確率関数は次のようになります。

幾何分布の確率関数

$$f(x) = \begin{cases} p(1-p)^{x-1} & (x \in \{1, 2, 3, \ldots\}) \\ 0 & (otherwise) \end{cases}$$

幾何分布の具体例としては次のようなものが挙げられます。

コインを表が出るまで投げる回数

これは $p = 1/2$ のベルヌーイ試行が初めて成功するまでの試行回数となるので $Ge(1/2)$ に従います。このことからコインを投げて5回目で初めて表が出る確率であれば

$$P(X = 5) = 1/2 \times (1 - 1/2)^{5-1} = 1/32$$

と求めることができます。

サイコロを6が出るまで投げる回数

これは $p = 1/6$ のベルヌーイ試行が初めて成功するまでの試行回数となるので $Ge(1/6)$ に従います。このことからサイコロを投げて3回目で初めて6が出る確率であれば

$$P(X = 3) = 1/6 \times (1 - 1/6)^{3-1} = 25/216$$

と求めることができます。

幾何分布の期待値と分散は次のようになります。

幾何分布の期待値と分散

$X \sim Ge(p)$ とするとき

$$E(X) = 1/p, \quad V(X) = (1-p)/p^2$$

幾何分布を NumPy で実装していきましょう。幾何分布のとりうる値は1以上の整数すべてですが、実装上の都合で x_set を1以上29以下の整数としています。

In [17]:

```
def Ge(p):
    x_set = np.arange(1, 30)
    def f(x):
        if x in x_set:
            return p * (1-p) ** (x-1)
        else:
            return 0
    return x_set, f
```

ここでは確率変数 X は $Ge(1/2)$ に従うとします。

In [18]:

```
p = 0.5
X = Ge(p)
```

期待値は $\frac{1}{1/2} = 2$、分散は $\frac{1-1/2}{(1/2)^2} = 2$ となります。

In [19]:

```
check_prob(X)
```

Out[19]:

期待値は 2.0
分散は 2.0

図示してみましょう。値が大きくなるにつれて確率は指数的に減っていき、11 以上の値をとる確率はほぼ 0 になりグラフからは確認できません。

In [20]:

```
plot_prob(X)
```

6.3 幾何分布

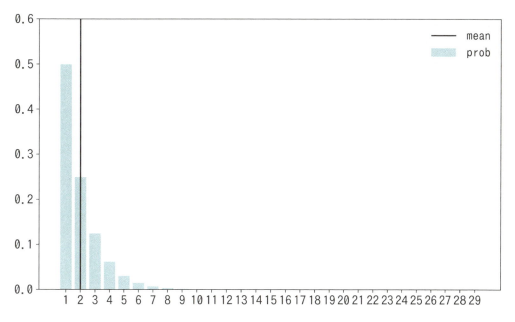

図 6.4: 幾何分布

scipy.stats では幾何分布は geom 関数で作ることができます。パラメタ p が 0.2, 0.5, 0.8 のときの幾何分布を図示してみましょう。ここでは x_set を 1 以上 14 以下の整数にしています。

In [21]:
```
fig = plt.figure(figsize=(10, 6))
ax = fig.add_subplot(111)

x_set = np.arange(1, 15)
for p, ls in zip([0.2, 0.5, 0.8], linestyles):
    rv = stats.geom(p)
    ax.plot(x_set, rv.pmf(x_set),
            label=f'p:{p}', ls=ls, color='gray')
ax.set_xticks(x_set)
ax.legend()

plt.show()
```

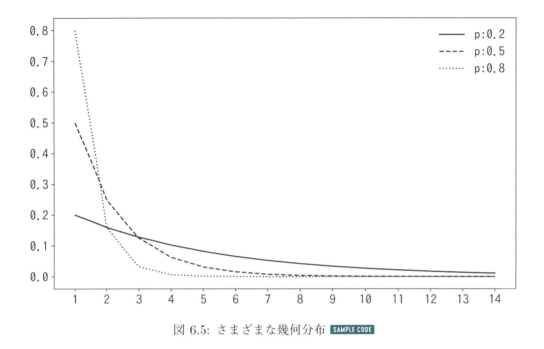

図 6.5: さまざまな幾何分布 SAMPLE CODE

パラメタ p が何であろうと、値が大きくなるにつれて確率が指数的に減少する分布となっていることが確認できます。

最後に幾何分布のまとめを表 6.3 に示します。

表 6.3: 幾何分布のまとめ

パラメタ	p
とりうる値	$\{1, 2, 3, \ldots\}$
確率関数	$(1-p)^{(x-1)}p$
期待値	$\frac{1}{p}$
分散	$\frac{1-p}{p^2}$
`scipy.stats`	$\mathrm{geom}(p)$

6.4 ポアソン分布

ポアソン分布 (Poisson distribution) はランダムな事象が単位時間あたりに発生する件数が従う確率分布です。発生する件数の確率変数ですので、とりうる値は $\{0, 1, 2, \ldots\}$ となります。そしてポアソン分布のパラメタは λ で、λ は正の実数である必要があります。

本書ではパラメタが λ のポアソン分布を $Poi(\lambda)$ と表記します。

$Poi(\lambda)$ の確率関数は次の式のようになります。

ポアソン分布の確率関数

$$f(x) = \begin{cases} \frac{\lambda^x}{x!} \cdot e^{-\lambda} & (x \in \{0, 1, 2, \ldots\}) \\ 0 & (otherwise) \end{cases}$$

$Poi(\lambda)$ は単位時間あたり平均 λ 回起こるようなランダムな事象が、単位時間に起こる件数が従う確率分布なので、具体例としては次のようなものが挙げられます。

1日あたり平均2件の交通事故が発生する地域における、1日の交通事故の発生件数

これは交通事故を完全にランダムな事象と捉えると、単位時間（1日）あたり発生する交通事故の発生件数は $Poi(2)$ に従います。このことから、この地域で1日に交通事故が1件も起きない確率であれば

$$P(X = 0) = \frac{2^0}{0!} \cdot e^{-2} \simeq 0.135$$

と求めることができます。

1時間あたり平均10アクセスあるサイトへの、1時間あたりのアクセス件数

これはサイトへのアクセスを完全にランダムな事象と捉えると、単位時間（1時間）あたりのサイトへのアクセス件数は $Poi(10)$ に従います。このことから、このサイトで1時間にちょうど15件アクセスがある確率であれば

$$P(X = 15) = \frac{10^{15}}{15!} \cdot e^{-10} \simeq 0.035$$

と求めることができます。

ポアソン分布の期待値と分散はどちらも λ になります。期待値と分散が同じになるというのはポアソン分布の特徴の1つです。

ポアソン分布の期待値と分散

$X \sim Poi(\lambda)$ とするとき

$$E(X) = \lambda, \quad V(X) = \lambda$$

ポアソン分布を NumPy で実装していきましょう。階乗 $x!$ は `scipy.special` の `factorial` を使います。とりうる値は0以上の整数すべてですが、実装上の都合で

x_set を 0 以上 19 以下の整数としています。

In [22]:
```
from scipy.special import factorial

def Poi(lam):
    x_set = np.arange(20)
    def f(x):
        if x in x_set:
            return np.power(lam, x) / factorial(x) * np.exp(-lam)
        else:
            return 0
    return x_set, f
```

ここで確率変数 X は $Poi(3)$ に従うとしましょう。

In [23]:
```
lam = 3
X = Poi(lam)
```

期待値と分散はともに 3 になります。

In [24]:
```
check_prob(X)
```

Out[24]:

期待値は 3.0
分散は 3.0

図示してみましょう。ポアソン分布も二項分布と同様に、期待値をピークとした山型の分布になります。

In [25]:
```
plot_prob(X)
```

6.4 ポアソン分布

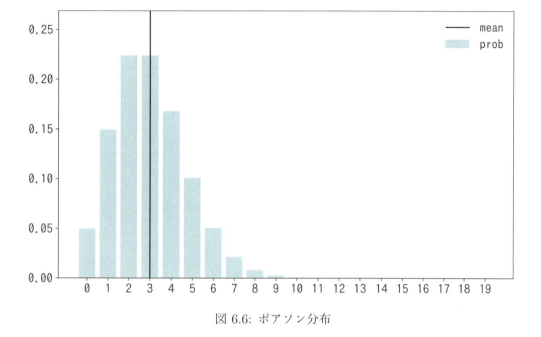

図 6.6: ポアソン分布

scipy.stats ではポアソン分布は poisson 関数で作ることができます。パラメタ λ を 3, 5, 8 で変化させたとき、ポアソン分布の形がどのようになるか図示してみましょう。

In [26]:

```
fig = plt.figure(figsize=(10, 6))
ax = fig.add_subplot(111)

x_set = np.arange(20)
for lam, ls in zip([3, 5, 8], linestyles):
    rv = stats.poisson(lam)
    ax.plot(x_set, rv.pmf(x_set),
            label=f'lam:{lam}', ls=ls, color='gray')
ax.set_xticks(x_set)
ax.legend()

plt.show()
```

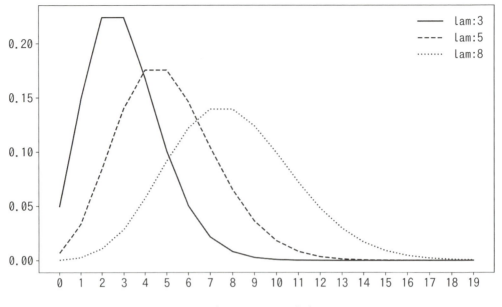

図 6.7: さまざまなポアソン分布 SAMPLE CODE

どのパラメタでも分布のピークが λ にあり、λ が大きくなるにつれ裾野が広くなっていることがわかります。

最後にポアソン分布のまとめを表 6.4 に示します。

表 6.4: ポアソン分布のまとめ

パラメタ	λ
とりうる値	$\{0, 1, 2, \ldots\}$
確率関数	$\frac{\lambda^x}{x!} \cdot e^{-\lambda}$
期待値	λ
分散	λ
`scipy.stats`	`poisson(`λ`)`

PYTHON×MATH SERIES

STATISTICAL ANALYSIS WITH PYTHON

CHAPTER

07

TITLE

連続型確率変数

7章と8章では連続型確率変数について扱います。章の構成としては離散型のときと同様で、7章で連続型確率変数の定義や指標を、8章で代表的な連続型確率分布を説明します。

離散型確率変数と連続型確率変数の主な違いは、とりうる値が離散的か連続的かという点だけですが、連続型確率変数の場合、計算過程に積分が含まれるなど離散型に比べ少し数式がややこしくなります。そのため本章では、離散型との対応をふまえながら理解していけるよう5章とほとんど同じ話の展開で進め、数式を定義していきます。5章と比較して読み進めていくことで、離散型と連続型の間に本質的な違いがないことに気づき、一見複雑な数式も理解しやすくなることでしょう。

いつものようにNumPyとMatplotlibをインポートしておきます。

In [1]:
```
import numpy as np
import matplotlib.pyplot as plt

%precision 3
%matplotlib inline
```

積分はSciPyの`integral`モジュールを使って実装していきます。本章では`integral`の計算に、結果に問題はないもののwarningが出る処理が含まれるため、ここであらかじめwarningを抑制しておきます。

In [2]:
```
from scipy import integrate
import warnings

# 積分に関するwarningを出力しないようにする
warnings.filterwarnings('ignore',
                        category=integrate.IntegrationWarning)
```

7.1　1次元の連続型確率変数

連続型確率変数とは、とりうる値が連続的な確率変数のことです。本節ではその中でも

1次元の連続型確率変数について説明していきます。

具体例としてはルーレットを考えます。ここで考えるルーレットは円周の長さが1で、ルーレットが止まった位置までの始点から計った弧の長さを実現値とします。すなわちこのルーレットがとりうる値は0から1の間の実数です。そしてこのルーレットは5章で考えたサイコロ同様、大きい数ほど出やすくなるいかさまが仕組まれています。

さて、このルーレットが0.5という値をとる確率はいくつでしょうか。大きい数ほど出やすいのだから…と難しいことを考える必要ありません。なぜならルーレットがぴったり0.5000000...となることはありえず、その確率は0になるからです。このように連続型確率変数の場合、確率変数がある値をとるときの確率を定義するという方法では、いずれも確率が0になってしまいうまくいきません。そのため連続型確率変数では確率変数がある区間に入る確率を定義します。ルーレットの例であれば、ルーレットが0.4から0.6の間の値を出す確率は0.2といったように定義されるのです。

7.1.1　1次元の連続型確率変数の定義

確率密度関数

離散型確率変数はとりうる値の（離散的な）集合と確率関数によって定義できました。連続型確率変数も本質的には同様ですが、少し数式の表現が異なり、とりうる値は区間$[a, b]$で定義され、確率は**確率密度関数** (probability density function, PDF)、または単に**密度関数**と呼ばれる$f(x)$によって定義されます。

密度関数は確率関数に近いものですが

$$f(x) = P(X = x)$$

とはならないことに注意してください。前述したように、連続型確率変数はある値をとる確率といった定義ではうまくいかないのです。

密度関数による確率は、確率変数Xが$x_0 \leq X \leq x_1$の区間に入る確率$P(x_0 \leq X \leq x_1)$で定義され、次のように積分で計算されます。

$$P(x_0 \leq X \leq x_1) = \int_{x_0}^{x_1} f(x)dx$$

この積分は密度関数$f(x)$とx軸、そして2直線$x = x_0$, $x = x_1$に囲まれた領域の面積と解釈できます。つまり図7.1の青色の領域の面積が確率$P(x_0 \leq X \leq x_1)$になっています。

読者の方の中には積分に抵抗のある方もいらっしゃるかと思いますが、本書では面倒な積分計算はSciPyがすべて行ってくれます。そのため本書の範囲では、積分の計算方法が

わからなくても、密度関数などに囲まれた領域の面積が確率になるという連続型確率変数のイメージが押さえてあれば十分です。

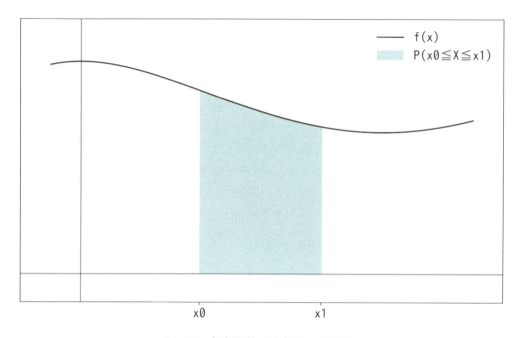

図 7.1: 密度関数で定義される確率

それではいかさまルーレットを例にして Python で実装していきましょう。まず、とりうる値の区間の下限と上限を x_range として定義します。

In [3]:

```
x_range = np.array([0, 1])
```

次に x_range を定義域とする密度関数を実装します。いかさまルーレットは大きい値ほど出やすいので、次のような密度関数にします。2 をかけているのは確率の性質を満たすためで、このことは後で確認します。

$$f(x) = \begin{cases} 2x & (0 \leq x \leq 1) \\ 0 & (otherwise) \end{cases}$$

In [4]:

```
def f(x):
    if x_range[0] <= x <= x_range[1]:
        return 2 * x
    else:
        return 0
```

この x_range と f のセットが確率分布で、これによって確率変数 X の振る舞いが決まります。そのため X は x_range と f を要素にもつリストとして実装しましょう。

In [5]:

```
X = [x_range, f]
```

これで確率変数 X を定義できました。密度関数 $f(x)$ を図示してみましょう。ここでは確率のイメージがつきやすいよう、$f(x)$ と x 軸、そして 2 直線 $x = 0.4, x = 0.6$ に囲まれた領域を塗りつぶしています。先ほど説明したようにこの領域の面積が、いかさまルーレットが 0.4 から 0.6 の間の値をとる確率になっています。

In [6]:

```
xs = np.linspace(x_range[0], x_range[1], 100)

fig = plt.figure(figsize=(10, 6))
ax = fig.add_subplot(111)

ax.plot(xs, [f(x) for x in xs], label='f(x)', color='gray')
ax.hlines(0, -0.2, 1.2, alpha=0.3)
ax.vlines(0, -0.2, 2.2, alpha=0.3)
ax.vlines(xs.max(), 0, 2.2, linestyles=':', color='gray')

# 0.4 から 0.6 の x 座標を用意
xs = np.linspace(0.4, 0.6, 100)
# xs の範囲で f(x) と x 軸に囲まれた領域を塗りつぶす
ax.fill_between(xs, [f(x) for x in xs], label='prob')
```

```
ax.set_xticks(np.arange(-0.2, 1.3, 0.1))
ax.set_xlim(-0.1, 1.1)
ax.set_ylim(-0.2, 2.1)
ax.legend()

plt.show()
```

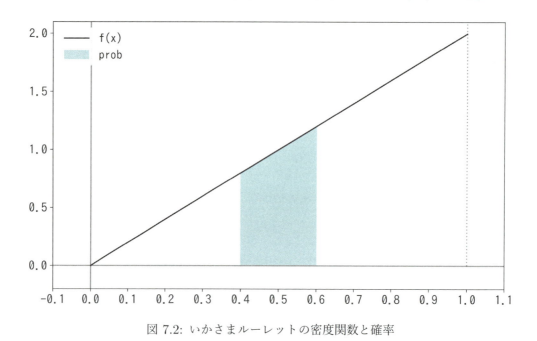

図 7.2: いかさまルーレットの密度関数と確率

囲まれた領域の面積は、台形の面積の公式を使って求めることもできますが、ここでは積分で求めることにします。確率の定義の式に値をそれぞれ代入すると次のようになります。

$$P(0.4 \leq X \leq 0.6) = \int_{0.4}^{0.6} 2x\, dx$$

この積分は `integrate` の `quad` 関数を使って、次のように求めることができます。`quad` 関数は返り値として、積分値と推定誤差が返ります。

In [7]:

```
# 第1引数が被積分関数、第2引数と第3引数が積分区間
integrate.quad(f, 0.4, 0.6)
```

Out[7]:

(0.200, 0.000)

1つめの返り値が積分値なので、確率は 0.2 とわかりました。

確率の性質

連続型確率変数では確率の性質として次の 2 つの式を満たす必要があります。

> **確率の性質**
>
> $$f(x) \geq 0$$
> $$\int_{-\infty}^{\infty} f(x)dx = 1$$

1つめの $f(x)$ が常に 0 以上の値をとるという性質は図 7.2 から見て明らかですが、Python で確かめる場合は scipy.optimize の minimize_scalar が使えます。minimize_scalar は関数の最小値を求める関数で、これによって $f(x)$ の最小値が 0 以上だとわかれば、$f(x)$ が常に 0 以上の値をとるという性質を示すことができます。

In [8]:

```
from scipy.optimize import minimize_scalar

res = minimize_scalar(f)
# 関数の最小値は fun というインスタンス変数に
res.fun
```

Out[8]:

0

$f(x)$ の最小値が 0 とわかったので、1 つめの性質を満たしていることが確認できました。

2 つめの $f(x)$ を $-\infty$ から ∞ の区間で積分した結果が 1、というのは図 7.2 の三角形の面積が 1 になることと同義です。この三角形は横の長さが 1 で縦の長さが 2 であることから、簡単に面積が 1 であることがわかります。

積分計算でも確認してみましょう。NumPy では無限大を np.inf で表現できます。

```
In [9]:
    integrate.quad(f, -np.inf, np.inf)[0]

Out[9]:
    1.000
```

結果は 1 となり、2 つめの性質も満たしてることが確認できました。$f(x)$ が $2x$ となっていたのは、この積分結果を 1 にするためです。

累積分布関数

確率変数 X が x 以下になるときの確率を返す関数を $F(x)$ と表し、離散型確率分布のときと同様に**累積分布関数 (cumulative distribution function, CDF)**、または単に分布関数と呼びます。分布関数は次の式で定義されます。

$$F(x) = P(X \leq x) = \int_{-\infty}^{x} f(x)dx$$

分布関数を定義通り実装しましょう。

```
In [10]:
    def F(x):
        return integrate.quad(f, -np.inf, x)[0]
```

分布関数でも確率を求めることができます。たとえばルーレットが 0.4 から 0.6 の間をとる確率は次のように計算できます。

$$P(0.4 \leq X \leq 0.6) = F(0.6) - F(0.4)$$

```
In [11]:
    F(0.6) - F(0.4)

Out[11]:
    0.200
```

分布関数 $F(x)$ を図示してみましょう。分布関数は必ず単調増加関数[1]になります。

---

[1] x が増えたときに y が減少することのない関数のことです。

7.1 1次元の連続型確率変数

In [12]:

```
xs = np.linspace(x_range[0], x_range[1], 100)

fig = plt.figure(figsize=(10, 6))
ax = fig.add_subplot(111)

ax.plot(xs, [F(x) for x in xs], label='F(x)', color='gray')
ax.hlines(0, -0.1, 1.1, alpha=0.3)
ax.vlines(0, -0.1, 1.1, alpha=0.3)
ax.vlines(xs.max(), 0, 1, linestyles=':', color='gray')

ax.set_xticks(np.arange(-0.1, 1.2, 0.1))
ax.set_xlim(-0.1, 1.1)
ax.set_ylim(-0.1, 1.1)
ax.legend()

plt.show()
```

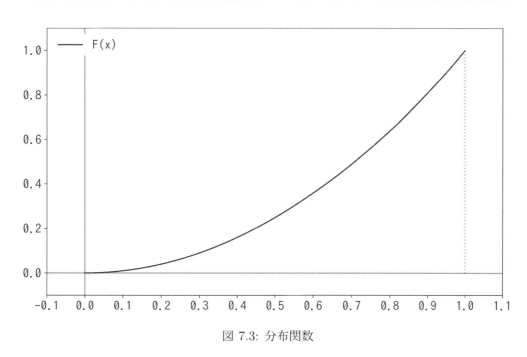

図 7.3: 分布関数

確率変数の変換

ここでは確率変数の変換を考えます。例として 5 章と同様に、ルーレットの出た値に 2 をかけて 3 を足した $2X+3$ を使います。これを Y とすると、Y もまた連続型の確率変数になっています。Y の密度関数を $g(y)$ とすると次のようになります。

$$g(y) = \begin{cases} (y-3)/2 & (3 \leq x \leq 5) \\ 0 & (otherwise) \end{cases}$$

分布関数は $G(y)$ としましょう。

$$G(y) = P(Y \leq y) = \int_{-\infty}^{y} g(y) dy$$

In [13]:

```
y_range = [3, 5]

def g(y):
    if y_range[0] <= y <= y_range[1]:
        return (y - 3) / 2
    else:
        return 0

def G(y):
    return integrate.quad(g, -np.inf, y)[0]
```

密度関数 $g(y)$ と分布関数 $G(y)$ を同時に図示してみます。

In [14]:

```
ys = np.linspace(y_range[0], y_range[1], 100)

fig = plt.figure(figsize=(10, 6))
ax = fig.add_subplot(111)

ax.plot(ys, [g(y) for y in ys],
        label='g(y)', color='gray')
```

```
ax.plot(ys, [G(y) for y in ys],
        label='G(y)', ls='--', color='gray')
ax.hlines(0, 2.8, 5.2, alpha=0.3)
ax.vlines(ys.max(), 0, 1, linestyles=':', color='gray')

ax.set_xticks(np.arange(2.8, 5.2, 0.2))
ax.set_xlim(2.8, 5.2)
ax.set_ylim(-0.1, 1.1)
ax.legend()

plt.show()
```

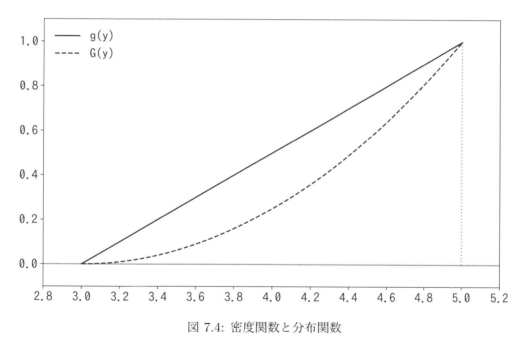

図 7.4: 密度関数と分布関数

定義域こそ違いますが、確率変数 X の密度関数と分布関数に似た形となっています。

7.1.2　1次元の連続型確率分布の指標

ここでは連続型確率分布の平均や分散といった指標を見ていきます。5 章と見比べるとよくわかりますが、基本的には $\sum$ が $\int$ に置き換わっているだけです。

期待値

連続型確率変数 X の平均は次の式で定義されます。これは確率変数 X の期待値とも呼ばれます。

$$\mu = E(X) = \int_{-\infty}^{\infty} x f(x) dx$$

いかさまルーレットの期待値を求めてみましょう。

In [15]:
```
def integrand(x):
    return x * f(x)

integrate.quad(integrand, -np.inf, np.inf)[0]
```

Out[15]:
```
0.667
```

変換した確率変数の期待値も考えることができ、たとえば確率変数 X を $2X+3$ と変換した確率変数 Y の期待値は次の式で定義されます。

$$E(Y) = E(2X+3) = \int_{-\infty}^{\infty} (2x+3) f(x) dx$$

より一般に確率変数 X の変換 $g(X)$ の期待値を定義できます。

---連続型確率変数の期待値---

$$E(g(X)) = \int_{-\infty}^{\infty} g(x) f(x) dx$$

これを期待値の関数として実装しておきます。引数 g が確率変数に対する変換の関数になっています。

In [16]:
```
def E(X, g=lambda x: x):
    x_range, f = X
    def integrand(x):
        return g(x) * f(x)
    return integrate.quad(integrand, -np.inf, np.inf)[0]
```

gに何も指定しなければ確率変数Xの期待値を求めることになります。

In [17]:
```
E(X)
```

Out[17]:
```
0.667
```

確率変数$Y = 2X + 3$の期待値は次のように計算できます。

In [18]:
```
E(X, g=lambda x: 2*x+3)
```

Out[18]:
```
4.333
```

連続型確率変数の場合でも、5.1節で説明した期待値の線形性が成立します。$E(2X+3)$と$2E(X)+3$が等しいことを確認してみましょう。

In [19]:
```
2 * E(X) + 3
```

Out[19]:
```
4.333
```

分散

連続型確率変数Xの分散は次の式で定義されます。ここでμは確率変数Xの期待値$E(X)$です。

$$\sigma^2 = V(X) = \int_{-\infty}^{\infty} (x-\mu)^2 f(x) dx$$

いかさまルーレットの分散を求めてみましょう。

In [20]:
```
mean = E(X)
def integrand(x):
    return (x - mean) ** 2 * f(x)

integrate.quad(integrand, -np.inf, np.inf)[0]
```

Out[20]:

0.056

変換した確率変数についても分散を定義できます。例のごとく確率変数 X を $2X+3$ と変換した確率変数 Y について考えると、この分散は次の式で定義されます。ただし $\mu = E(2X+3)$ です。

$$V(Y) = V(2X+3) = \int_{-\infty}^{\infty} ((2x+3) - \mu)^2 f(x)dx$$

より一般に確率変数 X の変換 $g(X)$ の分散を定義できます。

---連続型確率変数の分散---

$$V(g(X)) = \int_{-\infty}^{\infty} (g(x) - E(g(X)))^2 f(x)dx$$

これを分散の関数として実装しておきます。引数 g が確率変数に対する変換の関数です。

In [21]:
```
def V(X, g=lambda x: x):
    x_range, f = X
    mean = E(X, g)
    def integrand(x):
        return (g(x) - mean) ** 2 * f(x)
    return integrate.quad(integrand, -np.inf, np.inf)[0]
```

g を指定しなければ、確率変数 X の分散を計算します。

In [22]:
```
V(X)
```

Out[22]:

    0.056

確率変数 $Y = 2X + 3$ の分散は次のように計算できます。

In [23]:

```
V(X, lambda x: 2*x + 3)
```

Out[23]:

    0.222

連続型確率変数の場合でも、5.1 節で説明した分散の公式が成立します。$V(2X + 3)$ と $2^2 V(X)$ が等しいことを確認してみましょう。

In [24]:

```
2**2 * V(X)
```

Out[24]:

    0.222

7.2　2 次元の連続型確率変数

本節では、2 次元の連続型確率変数について説明していきます。具体例として、2 つのいかさまルーレットを使います。

7.2.1　2 次元の連続型確率分布の定義

同時確率密度関数

2 次元の連続型確率変数 (X, Y) は、とりうる値の組み合わせ

$$\{(x, y) \mid a \leq x \leq b;\ c \leq y \leq d\}$$

と、それを定義域にする関数

$$f(x, y)$$

によって定義されます。

この関数 $f(x,y)$ のことを**同時確率密度関数**といい、$x_0 \leq X \leq x_1$ かつ $y_0 \leq Y \leq y_1$ となる確率は次のように定義されます。

$$P(x_0 \leq X \leq x_1, y_0 \leq Y \leq y_1) = \int_{x_0}^{x_1} \int_{y_0}^{y_1} f(x,y) dx dy$$

ここでは 2 次元の確率変数の具体例として、5.2 節で使った例のルーレット版を考えます。すなわち、いかさまルーレット A, B の 2 つを回し、A の値を確率変数 Y、A の値と B の値を足したものを確率変数 X とした 2 次元の確率変数 (X, Y) について考えていきます。

この確率変数 (X, Y) のとりうる値は、

$$\{0 \leq X \leq 2, \quad 0 \leq Y \leq 1\}$$

であり、同時確率密度関数は

$$f(x,y) = \begin{cases} 4y(x-y) & (0 \leq y \leq 1 \text{ かつ } 0 \leq x-y \leq 1) \\ 0 & (otherwise) \end{cases}$$

となっています。

確率の性質

2 次元の連続型確率変数は確率の性質として次の 2 つを満たす必要があります。

確率の性質

$$f(x,y) \geq 0$$
$$\int_{-\infty}^{\infty} \int_{-\infty}^{\infty} f(x,y) = 1$$

ここまでのことを Python を使って実装していきましょう。まず、X と Y のとりうる値をそれぞれ x_range と y_range として定義します。

`In [25]:`

```
x_range = [0, 2]
y_range = [0, 1]
```

次に同時確率密度関数を定義します。

7.2 2次元の連続型確率変数

In [26]:

```python
def f_xy(x, y):
    if 0 <= y <= 1 and 0 <= x - y <= 1:
        return 4 * y * (x - y)
    else:
        return 0
```

確率変数 (X, Y) の振る舞いは x_range と y_range と f_xy によって定義されるので、これらをリストにして XY としましょう。

In [27]:

```python
XY = [x_range, y_range, f_xy]
```

これで 2 次元確率変数 (X, Y) を実装できました。同時確率密度関数をヒートマップで図示してみます。

In [28]:

```python
xs = np.linspace(x_range[0], x_range[1], 200)
ys = np.linspace(y_range[0], y_range[1], 200)
pd = np.array([[f_xy(x, y) for y in ys] for x in xs])

fig = plt.figure(figsize=(10, 8))
ax = fig.add_subplot(111)

c = ax.pcolor(pd)
ax.set_xticks(np.linspace(0, 200, 3), minor=False)
ax.set_yticks(np.linspace(0, 200, 3), minor=False)
ax.set_xticklabels(np.linspace(0, 2, 3))
ax.set_yticklabels(np.linspace(0, 1, 3))
ax.invert_yaxis()
ax.xaxis.tick_top()
fig.colorbar(c, ax=ax)
plt.show()
```

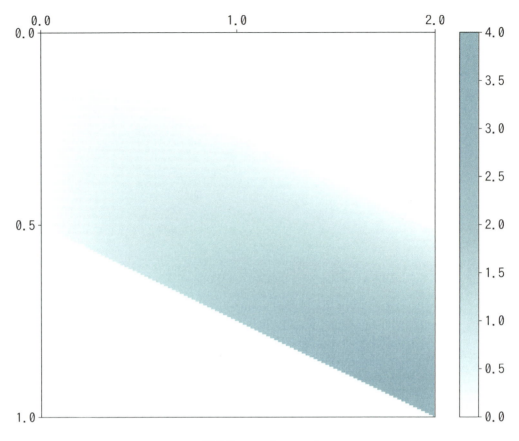

図 7.5: ヒートマップ

確率の性質は満たされているでしょうか。$f_{xy} \geq 0$ を満たしていることは関数の定義や、ヒートマップから確認できます。このことを Python で確認するには少し複雑になってしまうので省略します。

次に、積分結果が 1 になることの確認です。この積分は 7.1 節のときと異なり、関数を x と y の 2 変数で積分する必要があるため `integrate.quad` は使えません。このような多重積分には `integrate.quad` が使えます。

In [29]:

```
# 第 1 引数に被積分関数、第 2 引数に x の積分区間と y の積分区間
integrate.nquad(f_xy,
                [[-np.inf, np.inf],
                 [-np.inf, np.inf]])[0]
```

```
Out[29]:
```

```
1.000
```

周辺確率密度関数

確率変数 (X, Y) は同時確率密度関数によって X と Y が同時に定義されていましたが、それぞれの確率変数にだけ興味があることがあります。たとえば確率変数 X のみの振る舞い、すなわち確率変数 X の密度関数を知りたいときはどうすればよいでしょうか。

このとき確率変数 X の密度関数を $f_X(x)$ とすると、

$$f_X(x) = \int_{-\infty}^{\infty} f(x, y) dy$$

が成り立ちます。このようにして求められた $f_X(x)$ のことを X の**周辺確率密度関数**、または単に周辺密度関数といいます。

Python で実装してみましょう。X の周辺密度関数は同時確率密度関数を y についてのみ積分することで求められますが、ここでは一工夫が必要です。というのも integrate には2変数関数のうち1変数のみで積分するといった関数は実装されていないからです。

そんなときに便利なのが Python の標準ライブラリにある `functools` の `partial` 関数です。`partial` は引数の一部を固定した新しい関数を作ることができる関数で、`partial(f_xy, x)` とすると、関数 `f_xy` の引数 `x`, `y` のうち `x` が固定され、引数が `y` のみになった関数が返ってきます。このようにして得られた関数は `integrate.quad` で積分できる1変数関数になっているので、あとは `y` で積分すれば X の周辺密度関数を求めることができるというわけです。Y の周辺密度関数も同様に `partial(f_xy, y=y)` として `y` を固定して、`x` で積分すれば求まります。

```
In [30]:
```

```
from functools import partial

def f_X(x):
    return integrate.quad(partial(f_xy, x), -np.inf, np.inf)[0]
def f_Y(y):
    return integrate.quad(partial(f_xy, y=y), -np.inf, np.inf)[0]
```

周辺密度関数が求まったことで、X と Y をそれぞれ独立に考えることができます。

In [31]:

```
X = [x_range, f_X]
Y = [y_range, f_Y]
```

それぞれの密度関数を図示してみましょう。

In [32]:

```
xs = np.linspace(*x_range, 100)
ys = np.linspace(*y_range, 100)

fig = plt.figure(figsize=(12, 4))
ax1 = fig.add_subplot(121)
ax2 = fig.add_subplot(122)
ax1.plot(xs, [f_X(x) for x in xs], color='gray')
ax2.plot(ys, [f_Y(y) for y in ys], color='gray')
ax1.set_title('Xの周辺密度関数')
ax2.set_title('Yの周辺密度関数')

plt.show()
```

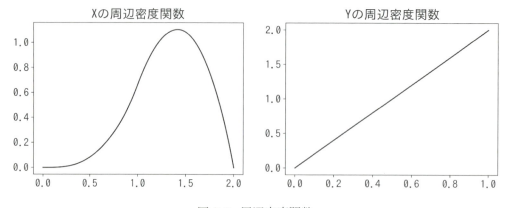

図 7.6: 周辺密度関数

7.2.2　2次元の連続型確率変数の指標

ここでは期待値や分散、共分散といった指標を定義していきます。

期待値

期待値は1次元の連続型確率変数のときとほとんど同じです。X の期待値であれば、x と密度関数の積を x と y について積分することで求めることができます。

$$\mu_X = E(X) = \int_{-\infty}^{\infty} \int_{-\infty}^{\infty} x f(x,y) dx dy$$

In [33]:

```
def integrand(x, y):
    return x * f_xy(x, y)

integrate.nquad(integrand,
                [[-np.inf, np.inf],
                 [-np.inf, np.inf]])[0]
```

Out[33]:

1.333

一般に X, Y の関数 $g(X, Y)$ の期待値を定義でき、次のようになります。

$$E(g(X,Y)) = \int_{-\infty}^{\infty} \int_{-\infty}^{\infty} g(x,y) f(x,y) dx dy$$

これを期待値の関数として実装しましょう。

In [34]:

```
def E(XY, g):
    x_range, y_range, f_xy = XY
    def integrand(x, y):
        return g(x, y) * f_xy(x, y)

    return integrate.nquad(integrand,
                           [[-np.inf, np.inf],
                            [-np.inf, np.inf]])[0]
```

X と Y の期待値はそれぞれ次のように求めることができます。

```
In [35]:
    mean_X = E(XY, lambda x, y: x)
    mean_X
```

```
Out[35]:
    1.333
```

```
In [36]:
    mean_Y = E(XY, lambda x, y: y)
    mean_Y
```

```
Out[36]:
    0.667
```

連続型でも 5.2 節で説明した期待値の線形性が成り立ちます。
$E(2X + 3Y) = 2E(X) + 3E(Y)$ を確かめてみましょう。

```
In [37]:
    a, b = 2, 3
```

```
In [38]:
    E(XY, lambda x, y: a*x + b*y)
```

```
Out[38]:
    4.667
```

```
In [39]:
    a * mean_X + b * mean_Y
```

```
Out[39]:
    4.667
```

分散

分散も 1 次元のときとほとんど同じで、X の分散は次の式で求めることができます。

$$\sigma_X^2 = V(X) = \int_{-\infty}^{\infty} \int_{-\infty}^{\infty} (x - \mu_X)^2 f(x,y) dx dy$$

In [40]:
```
def integrand(x, y):
    return (x - mean_X)**2 * f_xy(x, y)

integrate.nquad(integrand,
                [[-np.inf, np.inf],
                 [-np.inf, np.inf]])[0]
```

Out[40]:
```
0.111
```

一般に X, Y の関数 $g(X, Y)$ の分散を定義でき、次のようになります。

$$V(g(X,Y)) = \int_{-\infty}^{\infty} \int_{-\infty}^{\infty} (g(x,y) - E(g(X,Y)))^2 f(x,y) dx dy$$

これを分散の関数として実装しましょう。

In [41]:
```
def V(XY, g):
    x_range, y_range, f_xy = XY
    mean = E(XY, g)
    def integrand(x, y):
        return (g(x, y) - mean)**2 * f_xy(x, y)
    
    return integrate.nquad(integrand,
                           [[-np.inf, np.inf],
                            [-np.inf, np.inf]])[0]
```

X と Y の分散はそれぞれの次のように求まります。

```
In [42]:
    var_X = V(XY, lambda x, y: x)
    var_X
```

Out[1]:

0.111

```
In [43]:
    var_Y = V(XY, lambda x, y: y)
    var_Y
```

Out[43]:

0.056

共分散

共分散を使うことで2つの確率変数 X, Y の間にどの程度相関があるかわかります。

$$\sigma_{XY} = Cov(X, Y) = \int_{-\infty}^{\infty}\int_{-\infty}^{\infty}(x-\mu_X)(y-\mu_Y)f(x,y)dxdy$$

```
In [44]:
    def Cov(XY):
        x_range, y_range, f_xy = XY
        mean_X = E(XY, lambda x, y: x)
        mean_Y = E(XY, lambda x, y: y)
        def integrand(x, y):
            return (x-mean_X) * (y-mean_Y) * f_xy(x, y)
        
        return integrate.nquad(integrand,
                               [[-np.inf, np.inf],
                                [-np.inf, np.inf]])[0]
```

In [45]:

```
cov_xy = Cov(XY)
cov_xy
```

Out[45]:

0.056

分散と共分散の公式も 5.2 節で説明したものが成り立ちます。
$V(2X + 3Y) = 4V(X) + 9V(Y) + 12Cov(X, Y)$ を確認してみましょう。

In [46]:

```
V(XY, lambda x, y: a*x + b*y)
```

Out[46]:

1.611

In [47]:

```
a**2 * var_X + b**2 * var_Y + 2*a*b * cov_xy
```

Out[47]:

1.611

相関係数

相関係数についても離散型と同様に求めることができます。

$$\rho_{XY} = \frac{\sigma_{XY}}{\sigma_X \sigma_Y}$$

In [48]:

```
cov_xy / np.sqrt(var_X * var_Y)
```

Out[48]:

0.707

第7章 連続型確率変数

PYTHON×MATH SERIES

STATISTICAL ANALYSIS WITH PYTHON

CHAPTER

08

TITLE

代表的な連続型確率分布

本章では正規分布をはじめとした、推定や検定を行う際に必要となる分布を多く扱います。複雑な密度関数を覚える必要はありませんが、分布の形状や性質はしっかり押さえておきましょう。

実装方法としては 6 章と同様で、NumPy と SciPy の stats モジュールの 2 通りで行っていきます。NumPy の場合は、確率変数をとりうる値と密度関数から定義していく数式レベルの実装になります。行っていることは 7 章におけるいかさまルーレットの実装と同じなので、一見複雑な確率分布も抵抗なくコードに落とすことができるでしょう。そして SciPy の stats モジュールによる実装では、実際に統計解析を行う上で便利な機能に触れつつ、確率分布の特徴について考察していきます。

本題に入る前にいくつか準備をしておきましょう。まずはライブラリのインポートです。

In [1]:

```python
import numpy as np
import matplotlib.pyplot as plt
from scipy import stats, integrate
from scipy.optimize import minimize_scalar

%precision 3
%matplotlib inline
```

本章では連続型確率分布の性質を確認しやすくするため、いくつかの関数をあらかじめ用意しておきます。E(X) と V(X) は 7.1 節で定義した期待値と分散の関数です。check_prob は確率変数を引数に、その確率変数が確率の性質を満たしているか確認し、期待値と分散を計算して返す関数になっています。そして plot_prob は確率変数と区間を引数に、その確率変数の密度関数と分布関数を図示するための関数です。

In [2]:

```python
linestyles = ['-', '--', ':']


def E(X, g=lambda x: x):
    x_range, f = X
    def integrand(x):
        return g(x) * f(x)
    return integrate.quad(integrand, -np.inf, np.inf)[0]
```

```python
def V(X, g=lambda x: x):
    x_range, f = X
    mean = E(X, g)
    def integrand(x):
        return (g(x) - mean) ** 2 * f(x)
    return integrate.quad(integrand, -np.inf, np.inf)[0]

def check_prob(X):
    x_range, f = X
    f_min = minimize_scalar(f).fun
    assert f_min >= 0, '密度関数が負の値をとります'
    prob_sum = np.round(integrate.quad(f, -np.inf, np.inf)[0], 6)
    assert prob_sum == 1, f'確率の和が{prob_sum}になりました'
    print(f'期待値は{E(X):.3f}')
    print(f'分散は{V(X):.3f}')

def plot_prob(X, x_min, x_max):
    x_range, f = X
    def F(x):
        return integrate.quad(f, -np.inf, x)[0]
    
    xs = np.linspace(x_min, x_max, 100)
    
    fig = plt.figure(figsize=(10, 6))
    ax = fig.add_subplot(111)
    ax.plot(xs, [f(x) for x in xs],
            label='f(x)', color='gray')
    ax.plot(xs, [F(x) for x in xs],
            label='F(x)', ls='--', color='gray')
    
    ax.legend()
    plt.show()
```

8.1 正規分布

正規分布 (normal distribution) は統計解析においてもっともよく使われ、もっとも重要といえる確率分布で、自然界の多くの現象を表現できる確率分布です。ガウス分布 (Gaussian distribution) と呼ばれることもあります。正規分布のとりうる値は実数全体で、パラメタは μ, σ^2 の 2 つです。これらパラメタは使われている記号からわかるように、そのまま正規分布の平均と分散になります。そのため μ は実数、σ は正の実数である必要があります。本書ではパラメタが μ, σ^2 の正規分布を $N(\mu, \sigma^2)$ と表記します。

$N(\mu, \sigma^2)$ の密度関数は次のようになります。

正規分布の密度関数

$$f(x) = \frac{1}{\sqrt{2\pi}\sigma} \exp\left\{-\frac{(x-\mu)^2}{2\sigma^2}\right\} \quad (-\infty < x < \infty)$$

正規分布は多くの現象を近似できます。具体例としては次のようなものが挙げられます。

男子高校生の身長

男子高校生の平均身長が 170cm で標準偏差が 5cm だとすると、偶然見かけた男子高校生の身長は $N(170, 5^2)$ に従うとみなすことができます。このことから偶然見かけた男子高校生の身長が 165cm 以上 175cm 以下である確率は

$$P(165 \leq X \leq 175) = \int_{165}^{175} \frac{1}{\sqrt{2\pi} \times 5} \exp\left\{-\frac{(x-170)^2}{2 \times 5^2}\right\} dx \simeq 0.683$$

と求めることができます。

模試の点数

模試の平均点が 70 点で標準偏差が 8 点だとすると、偶然見かけた生徒の点数は $N(70, 8^2)$ に従うとみなすことができます。このことから偶然見かけた生徒の点数が 54 点以上 86 点以下である確率は

$$P(54 \leq X \leq 86) = \int_{54}^{86} \frac{1}{\sqrt{2\pi} \times 8} \exp\left\{-\frac{(x-70)^2}{2 \times 8^2}\right\} dx \simeq 0.954$$

と求めることができます。

正規分布の期待値と分散は、前述したようにパラメタの μ と σ^2 です。

正規分布の期待値と分散

$X \sim N(\mu, \sigma^2)$ とするとき

$$E(X) = \mu, \quad V(X) = \sigma^2$$

正規分布には他の多くの確率分布が持っていない、とても重要な性質があります。それは正規分布に従う確率変数 X を $aX + b$ のように変換しても、その確率分布もまた正規分布に従うということです。変換後の期待値や分散も簡単に求まり、まとめると次のようになります。

正規分布の変換

$X \sim N(\mu, \sigma^2)$ とするとき、任意の実数 a, b に対して

$$aX + b \sim N(a\mu + b, a^2\sigma^2)$$

が成り立つ。

これを利用することで、$X \sim N(\mu, \sigma^2)$ を標準化した確率変数 $Z = (X-\mu)/\sigma$ は $N(0, 1)$ に従うことがわかります。標準化した正規分布 $N(0, 1)$ は**標準正規分布 (standard normal distribution)** と呼ばれ、昔からその性質がよく研究されてきました。というのも標準正規分布の性質さえよく知っていれば、どんなパラメタの正規分布を扱う場合でも標準化するだけで扱いやすい問題に帰着できるからです。本書でも 10 章以降の推定や検定において多くの問題を標準正規分布の問題に置き換えて考えます。標準正規分布に従う確率変数は頻繁に使用することになるので、本書では Z という記号を使うことにします。

それでは NumPy を使った実装に移りましょう。

In [3]:

```
def N(mu, sigma):
    x_range = [- np.inf, np.inf]
    def f(x):
        return 1 / np.sqrt(2 * np.pi * sigma**2) *\
               np.exp(-(x-mu)**2 / (2 * sigma**2))
    return x_range, f
```

$N(2, 0.5^2)$ に従う確率変数 X を作ってみます。

In [4]:

```
mu, sigma = 2, 0.5
X = N(mu, sigma)
```

期待値と分散を計算してみます。期待値は 2、分散は 0.5^2 となるはずです。

In [5]:

```
check_prob(X)
```

Out[5]:

期待値は 2.000

分散は 0.250

密度関数と分布関数を 0 から 4 の区間で図示してみましょう。正規分布の密度関数は左右対称の釣鐘型になることが特徴です。

In [6]:

```
plot_prob(X, 0, 4)
```

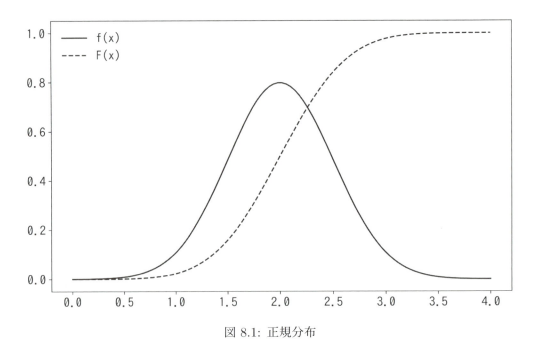

図 8.1: 正規分布

ここからは `scipy.stats` を使った実装をしていきます。正規分布に従う確率変数は `norm` 関数で作ることができ、第 1 引数に期待値 μ、第 2 引数に標準偏差 σ をそれぞれ指定します。それぞれデフォルトでは 0，1 になっているため、何も指定しなければ標準正規分布に従う確率変数が生成されます。

ここでは先ほどと同様に、期待値が 2 で標準偏差が 0.5 の正規分布に従う確率変数を作ってみましょう。

In [7]:
```
rv = stats.norm(2, 0.5)
```

期待値と分散はそれぞれ mean メソッドと var メソッドで求めることができます。

In [8]:
```
rv.mean(), rv.var()
```

Out[8]:
```
(2.000, 0.250)
```

密度関数は `pdf` メソッドで計算できます。ここでは `rv.pdf(2)` を計算してみましょう。7 章でも説明したように、これは $P(X = 2)$ という確率を求めているわけではないことに注意してください。

In [9]:
```
rv.pdf(2)
```

Out[9]:
```
0.798
```

分布関数は cdf メソッドで計算できます。分布関数は $P(X \leq x)$ を計算する関数でしたので、cdf(x) は図 8.2 の塗りつぶされている領域の面積を求めることに相当します。

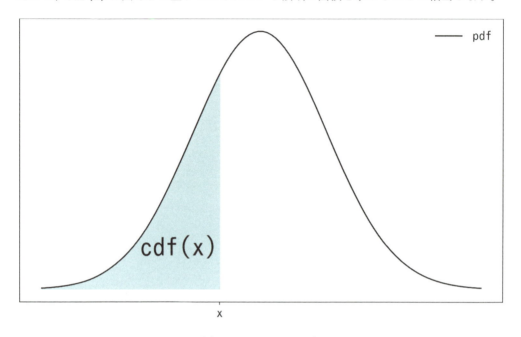

図 8.2: cdf メソッド

cdf メソッドを使って、X が 1.7 より小さい値をとる確率 $P(X \leq 1.7)$ を求めてみます。

In [10]:
```
rv.cdf(1.7)
```

Out[10]:
```
0.274
```

isf メソッドでは**上側 $100\alpha\%$ 点 (upper $100\alpha\%$ point)** を求めることができます。上側 $100\alpha\%$ 点とは $P(X \geq x) = \alpha$ を満たすような x で、図 8.3 の塗りつぶされた領域の面積が α となるような左端の x 座標に相当します。

特に標準正規分布の上側 $100\alpha\%$ 点はよく使うため、本書では z_α と表記します。つまり z_α は $Z \sim N(0, 1)$ とすると、$P(Z \geq z_\alpha) = \alpha$ を満たします。なお、標準正規分布は $x = 0$ を中心に対称な形をしているので $z_{1-\alpha} = -z_\alpha$ が成り立ちます。

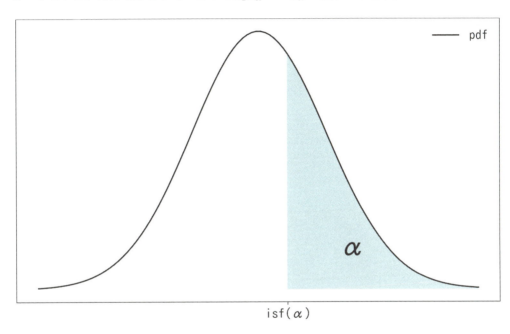

図 8.3: isf メソッド

isf メソッドを使って上側 30% 点を求めてみます。

In [11]:
```
rv.isf(0.3)
```

Out[11]:
```
2.262
```

intervalメソッドでは確率が α となる中央の区間を求めることができ、図 8.4 の塗りつぶされた領域の面積が α となるような、a, b を求めることになります。このとき右と左に余った部分の面積は等しくなっています。すなわち a と b は $P(a \leq X \leq b) = \alpha$ を満たし、さらに $P(X \leq a) = P(X \geq b) = (1 - \alpha)/2$ を満たしています。このような区間 $[a, b]$ のことを本書では $100\alpha\%$ 区間と表記します。

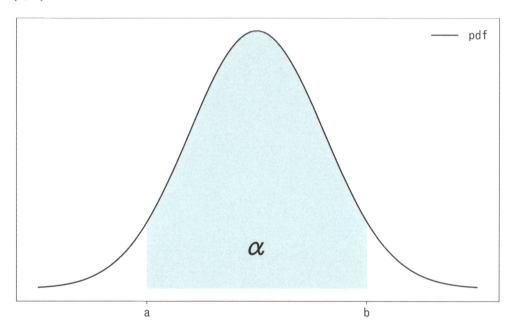

図 8.4: interval メソッド

intervalメソッドを使って90%区間を求めてみます。

In [12]:

rv.interval(0.9)

Out[12]:

(1.178, 2.822)

右と左に5%ずつ余っているので、a, b は次のように求めることもできます。

In [13]:

rv.isf(0.95), rv.isf(0.05)

Out[13]:

(1.178, 2.822)

特に標準正規分布の場合は $100(1-\alpha)\%$ 区間を z_α を使って $[z_{1-\alpha/2}, z_{\alpha/2}]$ で表すことができます[*1]。たとえば標準正規分布の 95％区間は $\alpha = 0.05$ に対応することから $[z_{0.975}, z_{0.025}]$ と求めることができます。

stats.norm を使って、パラメタによって正規分布の形状がどのように変化するか見てみましょう。ここでは $N(0,1)$、$N(0,4)$、$N(1,1)$ の 3 つの正規分布を図示しています。

In [14]:
```
fig = plt.figure(figsize=(10, 6))
ax = fig.add_subplot(111)

xs = np.linspace(-5, 5, 100)
params = [(0, 1), (0, 2), (1, 1)]
for param, ls in zip(params, linestyles):
    mu, sigma = param
    rv = stats.norm(mu, sigma)
    ax.plot(xs, rv.pdf(xs),
            label=f'N({mu}, {sigma**2})', ls=ls, color='gray')
ax.legend()

plt.show()
```

[*1] $100\alpha\%$ 区間ではなく $100(1-\alpha)\%$ 区間に対して定義しているのは、10 章以降の推定や検定では左右の余った領域の確率をパラメタ α とすることが多いからです

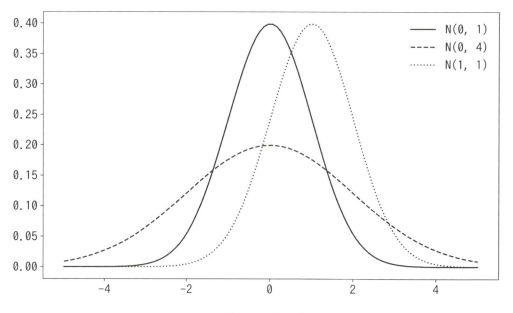

図 8.5: さまざまな正規分布 `SAMPLE CODE`

σ^2 が大きくなることで分布が広がり、μ の変化で分布全体が平行移動することが見て取れます。

最後に正規分布のまとめを表 8.1 に示します。

表 8.1: 正規分布のまとめ

パラメタ	μ, σ
とりうる値	実数全体
密度関数	$\dfrac{1}{\sqrt{2\pi}\sigma} \exp\left\{-\dfrac{(x-\mu)^2}{2\sigma^2}\right\}$
期待値	μ
分散	σ^2
`scipy.stats`	`norm`(μ, σ)

8.2 指数分布

指数分布 (exponential distribution) はある事象が発生する間隔が従う分布です。間隔という時間が従う分布なので、とりうる値は 0 以上の実数となります。指数分布のパラメタは λ で正の実数である必要があります。本書ではパラメタが λ の指数分布を $Ex(\lambda)$ と表記します。

$Ex(\lambda)$ の密度関数は次のようになります。

指数分布の密度関数

$$f(x) = \begin{cases} \lambda e^{-\lambda x} & (x \geq 0) \\ 0 & (otherwise) \end{cases}$$

$Ex(\lambda)$ は単位時間あたり平均 λ 回発生する事象の発生間隔が従う確率分布です。具体例としては次のようなものが挙げられます。

1 日あたり平均 2 件の交通事故が発生する地域における 1 日の交通事故の発生間隔

交通事故を完全にランダムな事象と捉えると、交通事故の発生間隔、すなわち交通事故が起きてから次の交通事故が起きるまでの時間は $Ex(2)$ に従うとみなすことができます。このことから、この地域で交通事故が起きてから 3 日以内にまた交通事故が起きる確率は

$$P(X \leq 3) = \int_0^3 2e^{-2x}dx \simeq 0.998$$

と求めることができます。

1 時間あたり平均 10 アクセスあるサイトへのアクセス間隔

サイトへのアクセスを完全にランダムな事象と捉えると、アクセスの間隔は $Ex(10)$ に従います。このことから、このサイトにアクセスがあってから 1 分以内にまたアクセスがある確率は

$$P(X \leq 1/60) = \int_0^{1/60} 10e^{-10x}dx \simeq 0.154$$

と求めることができます。

具体例で気づかれた方もいらっしゃるかもしれませんが、指数分布はポアソン分布との関わりが強い確率分布です。というのも単位時間あたり平均 λ 回発生するイベントに対して、単位時間あたりにイベントが発生する回数が従うのが $Poi(\lambda)$ で、イベントの発生間隔が従うのが $Ex(\lambda)$ となるためです。

指数分布の期待値と分散は次のようになります。

指数分布の期待値と分散

$X \sim Ex(\lambda)$ とするとき
$$E(X) = \frac{1}{\lambda}, \quad V(X) = \frac{1}{\lambda^2}$$

それでは NumPy で実装していきましょう。

In [15]:
```
def Ex(lam):
    x_range = [0, np.inf]
    def f(x):
        if x >= 0:
            return lam * np.exp(-lam * x)
        else:
            return 0
    return x_range, f
```

$Ex(3)$ に従う確率変数 X を作ってみます。

In [16]:
```
lam = 3
X = Ex(lam)
```

期待値は 1/3、分散は 1/9 となります。

In [17]:
```
check_prob(X)
```

Out[17]:

期待値は 0.333
分散は 0.111

密度関数と分布関数を 0 から 2 の区間で図示してみます。幾何分布の密度関数は値が大きくなるにつれ指数的に減少していきます。

In [18]:

```
plot_prob(X, 0, 2)
```

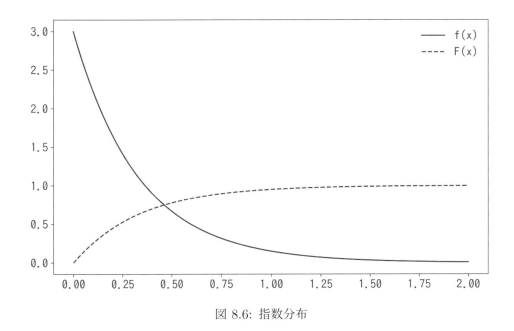

図 8.6: 指数分布

scipy.stats では指数分布に従う確率変数を expon 関数で作ることができます。ただしパラメタ λ は引数 scale に $1/\lambda$ の形で入れる必要があります。パラメタ λ を $1, 2, 3$ で変化させて分布の形状がどう変わるか図示してみましょう。

In [19]:

```
fig = plt.figure(figsize=(10, 6))
ax = fig.add_subplot(111)

xs = np.linspace(0, 3, 100)
for lam, ls in zip([1, 2, 3], linestyles):
    rv = stats.expon(scale=1/lam)
    ax.plot(xs, rv.pdf(xs),
            label=f'lambda:{lam}', ls=ls, color='gray')
ax.legend()
```

```
plt.show()
```

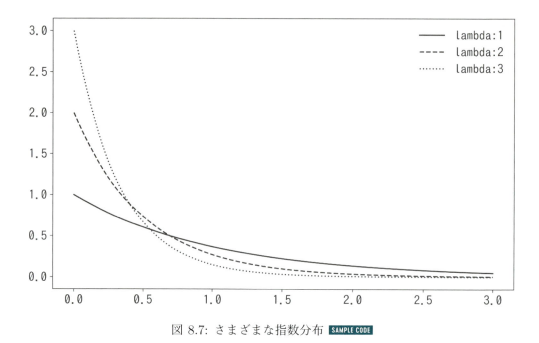

図 8.7: さまざまな指数分布 SAMPLE CODE

パラメタが何であろうと値が大きくなるにつれて確率密度は減少していくことがわかります。

最後に指数分布のまとめを表 8.2 に示します。

表 8.2: 指数分布のまとめ

パラメタ	λ
とりうる値	正の実数
密度関数	$\lambda e^{-\lambda x}$
期待値	$1/\lambda$
分散	$1/\lambda^2$
`scipy.stats`	`expon(scale=1/`λ`)`

8.3 カイ二乗分布

ここから紹介するカイ二乗分布・t 分布・F 分布は 10 章以降で解説する推定や検定に使われる特殊な確率分布です。これらの分布に対してはどういう事象が従うといったことではなく、どういう形状をしているかということや、正規分布との関係性に重点を置いて説明していきます。

カイ二乗分布 (chi-square distribution) は分散の区間推定や独立性の検定で使われる確率分布です。カイ二乗分布は互いに独立な[*2]複数の標準正規分布によって次のように定義されます。

> **カイ二乗分布**
>
> $Z_1, Z_2, \ldots, Z_n$ が互いに独立に $N(0, 1)$ に従っているとき、その二乗和
>
> $$Y = \sum_{i=1}^{n} Z_i^2$$
>
> の確率分布を自由度 n のカイ二乗分布という。

本書では自由度が n のカイ二乗分布を $\chi^2(n)$ と表記します。カイ二乗分布のとりうる値は定義からも明らかなように 0 以上の実数です。

Python を使って標準正規分布でカイ二乗分布を作ってみましょう。ここでは標準正規分布からサンプルサイズ 10 で無作為抽出をしてその二乗和をとる、という作業を 100 万回行います。これによって $\sum_{i=1}^{10} Z_i^2$ から無作為抽出したサンプルサイズ 100 万の標本データを得ることができます。

In [20]:
```
n = 10
rv = stats.norm()
sample_size = int(1e6)
# 標準正規分布から 10 × 100 万のサイズで無作為抽出
Zs_sample = rv.rvs((n, sample_size))
# axis=0 の方向で総和をとり、標準正規分布の二乗和の標本データを得る
chi2_sample = np.sum(Zs_sample**2, axis=0)
```

[*2] 確率変数が互いに独立とは、簡単にいうと確率変数がお互いに影響を及ぼし合わないということです。これについては 9 章で詳述します。

10 個の標準正規分布の二乗和なので自由度 10 のカイ二乗分布となっているはずです。scipy.stats ではカイ二乗分布に従う確率変数を chi2 関数で作ることができ、第 1 引数に自由度を指定します。これを利用して $\sum_{i=1}^{10} Z_i^2$ から無作為抽出した標本データのヒストグラムと $\chi^2(10)$ の密度関数を一緒に図示してみます。

In [21]:
```
fig = plt.figure(figsize=(10, 6))
ax = fig.add_subplot(111)

rv_true = stats.chi2(n)
xs = np.linspace(0, 30, 100)
ax.hist(chi2_sample, bins=100, density=True,
        alpha=0.5, label='chi2_sample')
ax.plot(xs, rv_true.pdf(xs), label=f'chi2({n})', color='gray')

ax.legend()
ax.set_xlim(0, 30)
plt.show()
```

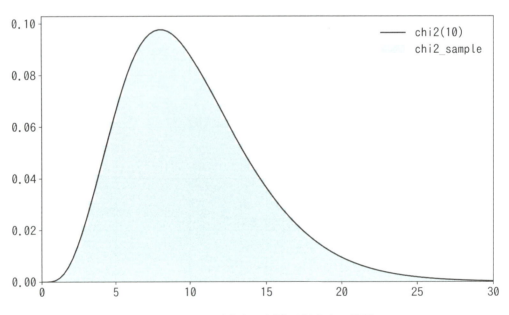

図 8.8: カイ二乗分布と標準正規分布の関係

8.3 カイ二乗分布

ヒストグラムと密度関数がきれいに一致しており、$\sum_{i=1}^{10} Z_i^2$ が $\chi^2(10)$ になっていることが確認できます。

次にカイ二乗分布が自由度 n によって、どのような分布になるか見てみましょう。ここでは自由度 n を 3, 5, 10 で変化させて図示してみます。

In [22]:
```python
fig = plt.figure(figsize=(10, 6))
ax = fig.add_subplot(111)

xs = np.linspace(0, 20, 500)
for n, ls in zip([3, 5, 10], linestyles):
    rv = stats.chi2(n)
    ax.plot(xs, rv.pdf(xs),
            label=f'chi2({n})', ls=ls, color='gray')

ax.legend()
plt.show()
```

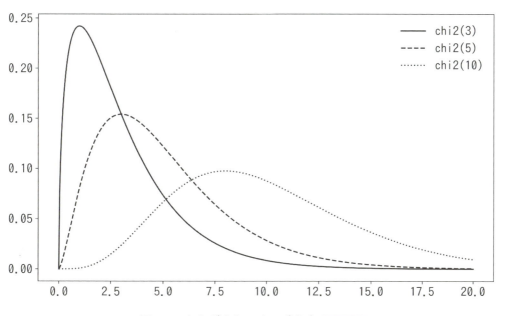

図 8.9: さまざまなカイ二乗分布

カイ二乗分布の特徴としては次の 3 つを押さえておきましょう。

- 左右非対称で、右に歪んだ分布となっている
- 自由度が大きくなると左右対称に近づく
- 自由度の値の近くに分布のピークがある

標準正規分布と同様に、カイ二乗分布の上側 $100\alpha\%$ 点は 10 章以降よく使われます。そのため本書では、自由度 n のカイ二乗分布の上側 $100\alpha\%$ 点を $\chi^2_\alpha(n)$ と表記することにします。$\chi^2_\alpha(n)$ の計算には isf メソッドを使うことができ、$\chi^2_{0.05}(5)$ であれば次のように求めることができます。

In [23]:
```
rv = stats.chi2(5)
rv.isf(0.05)
```

Out[23]:

11.070

最後にカイ二乗分布のまとめを表 8.3 に示します。

表 8.3: カイ二乗分布のまとめ

パラメタ	n
とりうる値	非負の実数
scipy.stats	chi2(n)

8.4 t分布

t 分布 (t distribution) は正規分布の母平均の区間推定などに使われる確率分布です。t 分布は互いに独立な標準正規分布とカイ二乗分布によって次のように定義されます。

> **t 分布**
>
> 確率変数 Z, Y は互いに独立で、Z は標準正規分布 $N(0, 1)$ に Y は自由度 n のカイ二乗分布 $\chi^2(n)$ にそれぞれ従うとき、
>
> $$t = \frac{Z}{\sqrt{Y/n}}$$
>
> の確率分布を自由度 n の t 分布という。

本書では自由度が n の t 分布を $t(n)$ と表記します。t 分布のとりうる値は実数全体です。

標準正規分布とカイ二乗分布で t 分布を作ってみましょう。ここでは $Z \sim N(0, 1)$ と $Y \sim \chi^2(10)$ を使って $\frac{Z}{\sqrt{Y/10}}$ から無作為抽出を行います。

In [24]:
```
n = 10
rv1 = stats.norm()
rv2 = stats.chi2(n)

sample_size = int(1e6)
Z_sample = rv1.rvs(sample_size)
chi2_sample = rv2.rvs(sample_size)

t_sample = Z_sample / np.sqrt(chi2_sample/n)
```

自由度 10 のカイ二乗分布を使ったので、自由度 10 の t 分布ができているはずです。scipy.stats では t 分布に従う確率変数を t 関数で作ることができ、第 1 引数に自由度を指定します。これを利用して $\frac{Z}{\sqrt{Y/10}}$ から無作為抽出した標本データのヒストグラムと $t(10)$ の密度関数を一緒に図示してみます。

In [25]:
```
fig = plt.figure(figsize=(10, 6))
ax = fig.add_subplot(111)

rv = stats.t(n)
xs = np.linspace(-3, 3, 100)
ax.hist(t_sample, bins=100, range=(-3, 3),
        density=True, alpha=0.5, label='t_sample')
ax.plot(xs, rv.pdf(xs), label=f't({n})', color='gray')

ax.legend()
ax.set_xlim(-3, 3)
plt.show()
```

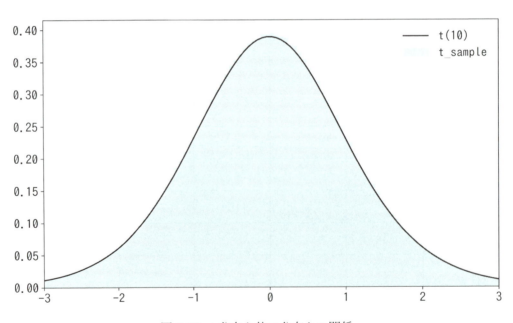

図 8.10: t 分布と他の分布との関係

$\frac{Z}{\sqrt{Y/10}}$ が $t(10)$ になっていることが確認できました。

8.4 t分布

次にt分布が自由度nによって、どのような分布となるかを見てみましょう。ここでは自由度nを3, 5, 10で変化させて図示してみます。また、比較のために標準正規分布も一緒に図示します。

In [26]:

```
fig = plt.figure(figsize=(10, 6))
ax = fig.add_subplot(111)

xs = np.linspace(-3, 3, 100)
for n, ls in zip([3, 5, 10], linestyles):
    rv = stats.t(n)
    ax.plot(xs, rv.pdf(xs),
            label=f't({n})', ls=ls, color='gray')
rv = stats.norm()
ax.plot(xs, rv.pdf(xs), label='N(0, 1)')

ax.legend()
plt.show()
```

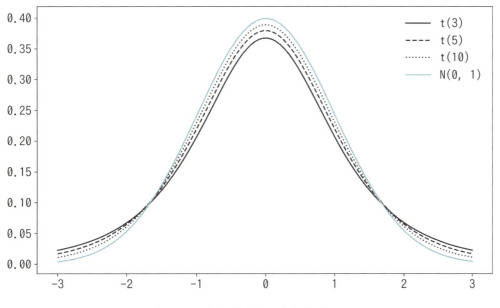

図 8.11: さまざまなt分布

t 分布の特徴としては次の 3 つを押さえておきましょう。

- 左右対称の分布になっている
- 標準正規分布よりも裾が厚い
- 自由度が大きくなると標準正規分布に近づく

自由度 n の t 分布の上側 $100\alpha\%$ 点はよく使うので、本書では $t_\alpha(n)$ と表記します。$t_\alpha(n)$ の計算には `isf` メソッドを使い、$t_{0.05}(5)$ であれば次のように求めることができます。

In [27]:
```
rv = stats.t(5)
rv.isf(0.05)
```

Out[27]:
```
2.015
```

最後に t 分布のまとめを表 8.4 に示します。

表 8.4: t 分布のまとめ

パラメタ	n
とりうる値	実数全体
scipy.stats	t(n)

8.5 F分布

F 分布 (F distribution) は分散分析などで使われる確率分布です。F 分布は互いに独立な 2 つのカイ二乗分布によって次のように定義されます。

> **F 分布**
>
> 確率変数 Y_1, Y_2 は互いに独立で、それぞれ $Y_1 \sim \chi^2(n_1), Y_2 \sim \chi^2(n_2)$ に従うとき、
>
> $$F = \frac{Y_1/n_1}{Y_2/n_2}$$
>
> の確率分布を自由度 n_1, n_2 の F 分布 $F(n_1, n_2)$ という。

本書では自由度が n_1, n_2 の F 分布を $F(n_1, n_2)$ と表記します。F 分布のとりうる値は 0 以上の実数です。

2 つのカイ二乗分布で F 分布を作ってみましょう。ここでは $Y_1 \sim \chi^2(5)$ と $Y_2 \sim \chi^2(10)$ を使うことで $\frac{Y_1/5}{Y_2/10}$ から無作為抽出を行います。

```
In [28]:
  n1 = 5
  n2 = 10
  rv1 = stats.chi2(n1)
  rv2 = stats.chi2(n2)

  sample_size = int(1e6)
  sample1 = rv1.rvs(sample_size)
  sample2 = rv2.rvs(sample_size)

  f_sample = (sample1/n1) / (sample2/n2)
```

$\frac{Y_1/5}{Y_2/10}$ は定義から $F(5,10)$ となっているはずです。scipy.stats では F 分布に従う確率変数を f 関数で作ることができ、第 1 引数と第 2 引数にそれぞれ n_1 と n_2 を指定します。これを利用して $\frac{Y_1/5}{Y_2/10}$ から無作為抽出した標本データのヒストグラムとともに $F(5,10)$ の密度関数を図示します。

In [29]:
```python
fig = plt.figure(figsize=(10, 6))
ax = fig.add_subplot(111)

rv = stats.f(n1, n2)
xs = np.linspace(0, 6, 200)[1:]
ax.hist(f_sample, bins=100, range=(0, 6),
        density=True, alpha=0.5, label='f_sample')
ax.plot(xs, rv.pdf(xs), label=f'F({n1}, {n2})', color='gray')

ax.legend()
ax.set_xlim(0, 6)
plt.show()
```

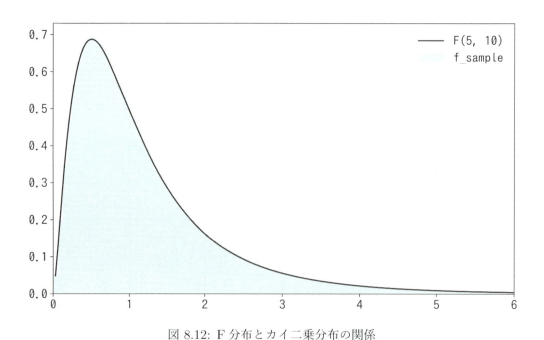

図 8.12: F 分布とカイ二乗分布の関係

$\frac{Y_1/5}{Y_2/10}$ が $F(5, 10)$ になっていることが確認できました。

次に F 分布が自由度 n_1, n_2 の変化によって、どのような分布になるか見てみましょう。ここでは n_2 を 10 に固定して、n_1 を $3, 5, 10$ で変化させて図示します。

In [30]:
```python
fig = plt.figure(figsize=(10, 6))
ax = fig.add_subplot(111)

xs = np.linspace(0, 6, 200)[1:]
for n1, ls in zip([3, 5, 10], linestyles):
    rv = stats.f(n1, 10)
    ax.plot(xs, rv.pdf(xs),
            label=f'F({n1}, 10)', ls=ls, color='gray')

ax.legend()
plt.show()
```

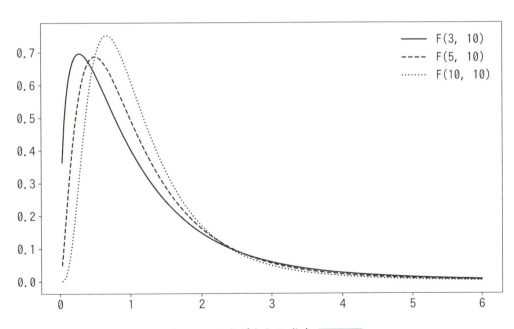

図 8.13: さまざまな F 分布 SAMPLE CODE

F 分布の特徴としては次の 2 つを押さえておきましょう。

- 左右非対称で、右に歪んだ分布となっている
- 分布のピークは 1 の近くにある

最後に F 分布のまとめを表 8.5 に示します。

表 8.5: F 分布のまとめ

パラメタ	n_1, n_2
とりうる値	非負の実数
scipy.stats	f(n_1, n_2)

PYTHON×MATH SERIES

STATISTICAL ANALYSIS WITH PYTHON

CHAPTER

09

TITLE

独立同一分布

5.2 節と 7.2 節では 2 次元の確率変数について学びました。ここからはより多次元の確率変数について考えていきます。ただし、本章で考える確率変数は互いに独立で多次元な確率変数です。

確率変数が互いに独立であるとは、9.1 節で詳述しますが、確率変数が他の確率変数に影響を及ばさないことを表す概念です。なぜ独立で多次元な確率変数を扱うかというと、統計解析で扱うデータは多くの場合、独立で多次元な確率変数の実現値とみなすことができるからです。

4 章の冒頭の例をもう一回考えてみましょう。A さんは全生徒 400 人の平均点を知りたかったので、偶然見かけた 20 人にテストの点数を聞き、その結果から全生徒の平均点を推測しました。4 章で見てきたように、偶然見かけた生徒 1 人 1 人の点数は、全生徒の点数の分布に従う 1 次元の確率変数になります。そして、偶然見かける生徒というのは、その前に偶然見かけた生徒によって影響を受けるものではありません。そのため偶然見かけた 20 人の点数 $(X_1, X_2, \ldots, X_{20})$ は、互いに独立な 20 次元の確率変数と考えることができます。

この例のように、互いに独立で、さらにそれぞれが同じ確率分布に従う多次元確率変数のことを**独立同一分布** (independently and identically distributed, i.i.d.) といい、それらが従う確率分布を F とすると $X_1, X_2, \ldots, X_{20} \overset{iid}{\sim} F$ のように表されます。独立同一分布は、同じ条件下で行われる実験や観測を複数回繰り返すことでデータを得る、ということを数学の言葉で表したもので、統計解析において最も基本的かつ重要な条件設定といえるでしょう。

いつものようにライブラリをインポートしておきましょう。

In [1]:
```
import numpy as np
import matplotlib.pyplot as plt
from scipy import stats

np.random.seed(0)
%precision 3
%matplotlib inline
```

5.2 節で定義した、離散型確率変数に対するいくつかの関数を用意しておきます。これらは 9.1 節で使います。

In [2]:
```
linestyles = ['-', '--', ':', '-.']

def E(XY, g):
    x_set, y_set, f_XY = XY
    return np.sum([g(x_i, y_j) * f_XY(x_i, y_j)
                   for x_i in x_set for y_j in y_set])

def Cov(XY):
    x_set, y_set, f_XY = XY
    mean_X = E(XY, lambda x, y: x)
    mean_Y = E(XY, lambda x, y: y)
    return np.sum([(x_i-mean_X) * (y_j-mean_Y) * f_XY(x_i, y_j)
                   for x_i in x_set for y_j in y_set])

def f_X(x):
    return np.sum([f_XY(x, y_k) for y_k in y_set])

def f_Y(y):
    return np.sum([f_XY(x_k, y) for x_k in x_set])
```

9.1 独立性

9.1.1 独立性の定義

確率変数の**独立性** (independence) とは、2 つ以上の確率変数が互いに影響を及ぼさず無関係であることを表す概念です。2 次元確率変数 (X, Y) の場合、次のような関係が成り立つことを X と Y は**独立である**といいます。

$$f_{X,Y}(x,y) = f_X(x)f_Y(y)$$

すなわち確率変数が独立なとき、同時確率は周辺確率の積で書くことができるのです。

具体例として、いかさまサイコロにふたたび登場してもらいましょう。いかさまサイコロ A, B の 2 つを投げ、A の出目を確率変数 X、B の出目を確率変数 Y としたときの

(X, Y) を考えます。A の出目がなんであろうと B の出目には影響しませんし、その逆も然りなので、X と Y は独立であるといえます。

確率関数はどうでしょうか。この 2 次元確率変数 (X, Y) の同時確率関数は

$$f_{XY}(x, y) = \begin{cases} xy/441 & (x \in \{1, 2, 3, 4, 5, 6\} \text{ かつ } y \in \{1, 2, 3, 4, 5, 6\}) \\ 0 & (otherwise) \end{cases}$$

であり、確率変数 X と Y はいかさまサイコロそのものなので、その確率関数は

$$f_X(x) = \begin{cases} x/21 & (x \in \{1, 2, 3, 4, 5, 6\}) \\ 0 & (otherwise) \end{cases}$$

$$f_Y(y) = \begin{cases} y/21 & (y \in \{1, 2, 3, 4, 5, 6\}) \\ 0 & (otherwise) \end{cases}$$

となります。これらから $f_{X,Y}(x, y) = f_X(x) f_Y(y)$ が成り立っていることが確認できます。

より一般に n 次元の確率変数に拡張して独立性を定義できます。

独立性

n 個の確率変数 $X_1, X_2, \ldots, X_n$ が

$$f_{X_1, X_2, \ldots, X_n}(x_1, x_2, \ldots, x_n) = f_{X_1}(x_1) f_{X_2}(x_2) \ldots f_{X_n}(x_n)$$

を満たすとき、$X_1, X_2, \ldots, X_n$ は互いに独立であるという。

ただし、関数 f は離散型を考えているなら確率関数、連続型であれば密度関数を表す。

9.1.2 独立性と無相関性

5.2 節と 7.2 節では、2 つの確率変数の関係性を表す指標として共分散と相関係数を学びました。共分散や相関係数が 0 のとき無相関といい、2 つの確率変数の間に相関性、すなわち直線的な関係がないことを表していたのでした。独立性も無相関性も 2 つの確率変数が無関係であることを表す性質ですが、それらは何が異なるのでしょうか。

結論から先に述べると、無相関性よりも独立性のほうが強い概念となっています。すなわち、2 つの確率変数 X と Y が独立なとき X と Y は無相関になっていますが、X と Y が無相関なとき X と Y は必ずしも独立にはなっていません。2 つの確率変数の間に直線的な関係はないものの、影響を及ぼし合う場合があるということです。

これについて Python で実装して確かめてみます。独立な確率変数の例として、さきほどのいかさまサイコロの例を使います。

9.1 独立性

In [3]:
```
x_set = np.array([1, 2, 3, 4, 5, 6])
y_set = np.array([1, 2, 3, 4, 5, 6])

def f_XY(x, y):
    if x in x_set and y in y_set:
        return x * y / 441
    else:
        return 0

XY = [x_set, y_set, f_XY]
```

この2次元確率変数 X と Y は独立なので、無相関になっているはずです。共分散で確かめてみます。

In [4]:
```
Cov(XY)
```

Out[4]:
```
-0.000
```

共分散が0になり、無相関であることがわかりました。この例に限らず、2つの確率変数が独立であれば必ず無相関になります。

次に、無相関な2つの確率変数を考えます。先ほど述べたように、無相関であっても独立であるとは限りません。無相関なのに独立ではない例として、とりうる値の組み合わせが $\{(0,0), (1,1), (1,-1)\}$ でそれぞれの確率が等しい2次元確率変数 (X, Y) を使います。この確率変数 (X, Y) の同時確率関数は次の式で表されます。

$$f_{XY}(x, y) = \begin{cases} 1/3 & ((x,y) \in \{(0,0), (1,1), (1,-1)\}) \\ 0 & (otherwise) \end{cases}$$

実装してみましょう。

```
In [5]:
    x_set = np.array([0, 1])
    y_set = np.array([-1, 0, 1])

    def f_XY(x, y):
        if (x, y) in [(0, 0), (1, 1), (1, -1)]:
            return 1 / 3
        else:
            return 0

    XY = [x_set, y_set, f_XY]
```

確率変数 X と Y の共分散を計算してみます。

```
In [6]:
    Cov(XY)

Out[6]:
    0.000
```

共分散が 0 になったので、確率変数 X と Y は無相関であることがわかりました。それでは確率変数 X と Y は独立でしょうか。独立性の定義はすべての x, y に対して

$$f_{X,Y}(x, y) = f_X(x) f_Y(y)$$

が成り立つときでした。ここでは $x = 0, y = 0$ を代入して

$$f_{X,Y}(0, 0) = f_X(0) f_Y(0)$$

が成立しているか確かめてみます。

```
In [7]:
    f_X(0) * f_Y(0), f_XY(0, 0)

Out[7]:
    (0.111, 0.333)
```

等式が成り立っていないため、X と Y は独立ではありません。これらから無相関であっても独立性が成り立たない場合があることを確認できました。

9.2 和の分布

冒頭で説明したように、4 章で A さんが無作為抽出して得る標本は、互いに独立に同一の確率分布に従う確率変数 $X_1, X_2, \ldots, X_{20}$ です。そのため A さんが母平均を推定するために用いる標本平均は $\overline{X} = \frac{X_1+X_2+\ldots+X_{20}}{20}$ という確率変数になります。この標本平均の確率分布について理解するのが本章のゴールになるのですが、その準備として本節では標本平均の分布より単純な、和の分布について考えていきます。

本節で考える和の分布は、互いに独立に同一の確率分布に従う確率変数 $X_1, X_2, \ldots, X_n$ の和 $\sum_{i=1}^{n} X_i = X_1 + X_2 + \ldots + X_n$ が従う確率分布のことを指します。和の分布を理解することで、それを n で割った標本平均の分布も理解しやすくなります。

和の分布の確率関数や密度関数を $X_1, X_2, \ldots, X_n$ から直接導くことは難しいことです。そのため、まずは和の分布の期待値と分散について見ていきます。

期待値は 5.2 節で説明したように線形性が成り立ちます。この線形性を n 次元に拡張することで次のことがいえます[1]。

確率変数の和の期待値

確率変数 $X_1, X_2, \ldots, X_n$ について
$$E(X_1 + X_2 + \ldots + X_n) = E(X_1) + E(X_2) + \ldots + E(X_n)$$
が成り立つ。

これによって和の分布の期待値は、それぞれの確率変数の期待値の和で計算できます。

分散は 5.2 節で説明した分散と共分散の公式で見たように、一般には共分散がからんでくるため期待値ほどすっきりした結果にはなってくれません。しかしながら $X_1, X_2, \ldots, X_n$ が互いに独立であれば、9.1 節で説明したように $X_1, X_2, \ldots, X_n$ は互いに無相関になり、共分散の項はすべて 0 になります。そのため分散については次のことがいえます。

---

[1] この公式は確率変数が互いに独立でなくても成り立ちます。

> **確率変数の和の分散**
>
> 確率変数 $X_1, X_2, \ldots, X_n$ が互いに独立ならば
>
> $$V(X_1 + X_2 + \ldots + X_n) = V(X_1) + V(X_2) + \ldots + V(X_n)$$
>
> が成り立つ。

つまり和の分布の分散も、それぞれの確率変数の分散の和で計算できます。

期待値と分散がわかれば十分な場合もありますが、より細かく $\sum_{i=1}^{n} X_i$ がどのような形の確率分布になっているか知りたいときはどうでしょう。実はいくつかの確率分布では $\sum_{i=1}^{n} X_i$ も代表的な確率分布に従うことが知られています。ここからはそのような例をいくつか見ていきます。

9.2.1 正規分布の和の分布

2つの互いに独立な確率変数 $X \sim N(1, 2)$ と $Y \sim N(2, 3)$ を考えます。このとき確率変数 $X + Y$ の分布はどうなるでしょうか。

さきほどの公式を使うことで、期待値は $E(X + Y) = E(X) + E(Y) = 3$、分散は $V(X + Y) = V(X) + V(Y) = 5$ と求まります。まずはこのことを Python で確かめてみましょう。ここでは X と Y から無作為抽出を行い、それらの和をとることで $X + Y$ の標本データを得ます。標本データの平均と分散は、サンプルサイズが十分大きければ $X + Y$ の期待値と分散に一致するはずです。

```
In [8]:
rv1 = stats.norm(1, np.sqrt(2))
rv2 = stats.norm(2, np.sqrt(3))

sample_size = int(1e6)
X_sample = rv1.rvs(sample_size)
Y_sample = rv2.rvs(sample_size)
sum_sample = X_sample + Y_sample

np.mean(sum_sample), np.var(sum_sample)
```

Out[8]:

(3.003, 4.996)

公式で求めた理論値に近い値が出ました。サンプルサイズを増やしていけば理論値に収束していくことでしょう。

$X+Y$ の期待値と分散はわかりましたが、より詳しく分布の形が知りたいときはどうでしょうか。実は正規分布に関しては、正規分布の和もまた正規分布になるという性質をもっています。このように同じ確率分布に従う 2 つの独立な確率変数に対して、その和もまた同じ確率分布になる性質のことを**再生性**といいます。再生性はすべての確率分布がもつ性質ではないことに気をつけてください。

$X+Y$ の期待値と分散、さらに正規分布の再生性から、$X+Y$ が $N(3,5)$ に従うことがわかりました。これを確かめてみましょう。ここでは $X+Y$ から無作為抽出した標本データのヒストグラムと $N(3,5)$ の密度関数を一緒に図示してみます。

In [9]:

```
fig = plt.figure(figsize=(10, 6))
ax = fig.add_subplot(111)

rv = stats.norm(3, np.sqrt(5))
xs = np.linspace(rv.isf(0.995), rv.isf(0.005), 100)

ax.hist(sum_sample, bins=100, density=True,
        alpha=0.5, label='N(1, 2) + N(2, 3)')
ax.plot(xs, rv.pdf(xs), label='N(3, 5)', color='gray')
ax.plot(xs, rv1.pdf(xs), label='N(1, 2)', ls='--', color='gray')
ax.plot(xs, rv2.pdf(xs), label='N(2, 3)', ls=':', color='gray' )

ax.legend()
ax.set_xlim(rv.isf(0.995), rv.isf(0.005))
plt.show()
```

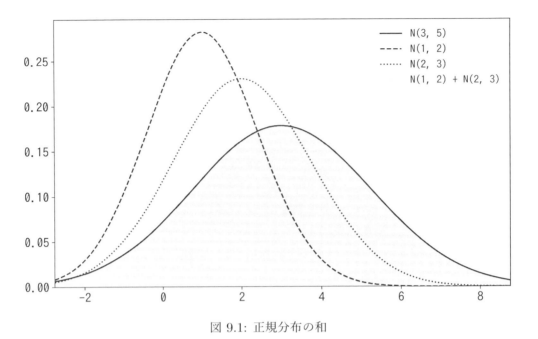

図 9.1: 正規分布の和

ヒストグラムと密度関数がきれいに一致しており、$X + Y \sim N(3, 5)$ を確かめることができました。

ここでは 2 つの正規分布の和について考えましたが、n 個の正規分布の和になっても再生性から正規分布となります。まとめると次のようになります。

正規分布の和の分布

互いに独立な確率変数 $X_1 \sim N(\mu_1, \sigma_1^2),\ X_2 \sim N(\mu_2, \sigma_2^2),\ \ldots,\ X_n \sim N(\mu_n, \sigma_n^2)$ について

$$\sum_{i=1}^n X_i \sim N(\sum_{i=1}^n \mu_i, \sum_{i=1}^n \sigma_i^2)$$

が成り立つ。

9.2.2　ポアソン分布の和の分布

2 つの互いに独立な確率変数 $X \sim Poi(3)$ と $Y \sim Poi(4)$ を考えます。このとき確率変数 $X + Y$ の分布はどうなるでしょうか。

$Poi(\lambda)$ の期待値と分散はともに λ でしたので、$X + Y$ の期待値と分散はどちらも 7 になります。このことを $X + Y$ から無作為抽出した標本データの平均と分散で確かめてみます。

9.2 和の分布

In [10]:

```
rv1 = stats.poisson(3)
rv2 = stats.poisson(4)

sample_size = int(1e6)
X_sample = rv1.rvs(sample_size)
Y_sample = rv2.rvs(sample_size)
sum_sample = X_sample + Y_sample

np.mean(sum_sample), np.var(sum_sample)
```

Out[10]:

(6.999, 6.990)

どちらも理論値に近い値になりました。

ここで気になるのは $X+Y$ の分布の形ですが、ポアソン分布も再生性を持っている確率分布です。そのため $X+Y$ はポアソン分布に従い、$X+Y \sim Poi(7)$ となります。$X+Y$ から無作為抽出した標本データのヒストグラムとともに $Poi(7)$ の確率関数を図示してみます。

In [11]:

```
fig = plt.figure(figsize=(10, 6))
ax = fig.add_subplot(111)

rv = stats.poisson(7)
xs = np.arange(20)
hist, _ = np.histogram(sum_sample, bins=20,
                       range=(0, 20), normed=True)

ax.bar(xs, hist, alpha=0.5, label='Poi(3) + Poi(4)')
ax.plot(xs, rv.pmf(xs), label='Poi(7)',  color='gray')
ax.plot(xs, rv1.pmf(xs), label='Poi(3)', ls='--', color='gray')
ax.plot(xs, rv2.pmf(xs), label='Poi(4)', ls=':',  color='gray')
```

```
ax.legend()
ax.set_xlim(-0.5, 20)
ax.set_xticks(np.arange(20))
plt.show()
```

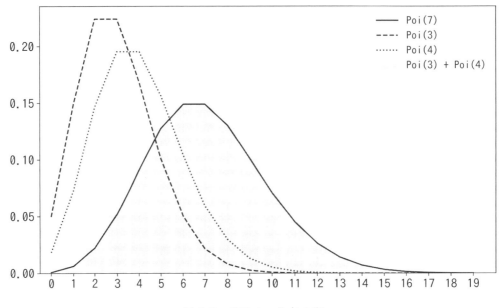

図 9.2: ポアソン分布の和

ヒストグラムと密度関数がきれいに一致しており、$X + Y \sim Poi(7)$ を確かめることができました。

ここでは 2 つのポアソン分布の和について考えましたが、n 個のポアソン分布の和であっても再生性からポアソン分布の形を保ちます。まとめると次のようになります。

ポアソン分布の和の分布

互いに独立な確率変数 $X_1 \sim Poi(\lambda_1), X_2 \sim Poi(\lambda_2), \ldots, X_n \sim Poi(\lambda_n)$ について

$$\sum_{i=1}^n X_i \sim Poi(\sum_{i=1}^n \lambda_i)$$

が成り立つ。

9.2.3　ベルヌーイ分布の和の分布

ここでは $X_1, X_2, \ldots, X_{10} \overset{iid}{\sim} Bern(0.3)$ としたときの $\sum_{i=1}^{10} X_i$ を考えます。$Bern(p)$ の期待値は p、分散は $p(1-p)$ でしたので、$\sum_{i=1}^{10} X_i$ の期待値は $10 \times 0.3 = 3$、分散は $10 \times 0.3 \times (1 - 0.3) = 2.1$ となるはずです。このことを $\sum_{i=1}^{10} X_i$ から無作為抽出した標本データの平均と分散で確かめてみます。

In [12]:
```
p = 0.3
rv = stats.bernoulli(p)

sample_size = int(1e6)
Xs_sample = rv.rvs((10, sample_size))
sum_sample = np.sum(Xs_sample, axis=0)

np.mean(sum_sample), np.var(sum_sample)
```

Out[12]:

(2.999, 2.095)

どちらも理論値に近い値になりました。

気になるのは $\sum_{i=1}^{10} X_i$ の分布の形ですが、残念なことにベルヌーイ分布には再生性がありません。しかしながらベルヌーイ分布の場合、ベルヌーイ分布の和は二項分布になるという性質があります。このときの二項分布のパラメタはそのまま n, p で、今回であれば $n = 10$, $p = 0.3$ なので $\sum_{i=1}^{10} X_i \sim Bin(10, 0.3)$ となります。$\sum_{i=1}^{10} X_i$ から無作為抽出した標本データのヒストグラムとともに $Bin(10, 0.3)$ の確率関数を図示してみます。

In [13]:
```
fig = plt.figure(figsize=(10, 6))
ax = fig.add_subplot(111)

rv = stats.binom(10, p)
xs = np.arange(10)
```

```
hist, _ = np.histogram(sum_sample, bins=10,
                       range=(0, 10), normed=True)
ax.bar(xs, hist, alpha=0.5, label='10個のBern(0.3)の和')
ax.plot(xs, rv.pmf(xs), label='Bin(10, 0.3)')
ax.legend()
ax.set_xlim(-0.5, 10)
ax.set_xticks(np.arange(10))
plt.show()
```

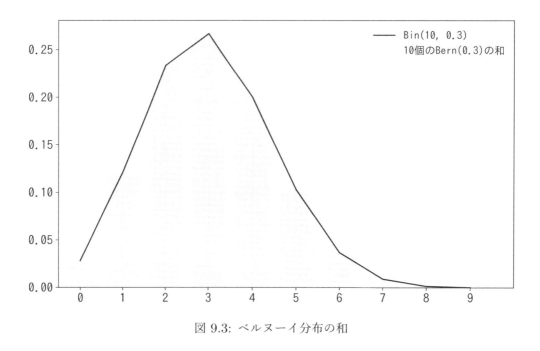

図 9.3: ベルヌーイ分布の和

ベルヌーイ分布の和の分布についてまとめると次のようになります

---- ベルヌーイ分布の和の分布 ----

$X_1, X_2, \ldots, X_n \overset{iid}{\sim} Bern(p)$ について

$$\sum_{i=1}^n X_i \sim Bin(n, p)$$

が成り立つ。

9.3 | 標本平均の分布

標本平均の分布とは互いに独立に同一の確率分布に従う確率変数 $X_1, X_2, \ldots, X_n$ の標本平均 $\overline{X} = \frac{X_1 + X_2 + \ldots + X_n}{n}$ が従う分布で、10 章で解説する母平均の区間推定や、11 章で解説する母平均の検定で使う分布です。この分布は中心極限定理や大数の法則など推測統計において重要で興味深い性質を多くもっているため、Python の力を借りてしっかり理解しましょう。

まず和の分布のときと同じように、期待値と分散がどのようになるか見てみましょう。標本平均の期待値は、期待値の線形性を使って次のように計算できます。

$$
\begin{aligned}
E(\overline{X}) &= E(\frac{X_1 + X_2 + \ldots + X_n}{n}) \\
&= \frac{E(X_1) + E(X_2) + \ldots + E(X_n)}{n} \\
&= \frac{n\mu}{n} \\
&= \mu
\end{aligned}
$$

標本平均の分散は次のように計算できます。期待値の計算とは異なり、$V(aX) = a^2 V(X)$ になることに気をつけましょう。

$$
\begin{aligned}
V(\overline{X}) &= V(\frac{X_1 + X_2 + \ldots + X_n}{n}) \\
&= \frac{V(X_1) + V(X_2) + \ldots + V(X_n)}{n^2} \\
&= \frac{n\sigma^2}{n^2} \\
&= \frac{\sigma^2}{n}
\end{aligned}
$$

結果をまとめると次のようになります。

> **標本平均の期待値と分散**
>
> 確率変数 $X_1, X_2, \ldots, X_n$ が互いに独立に、期待値が μ で分散が σ^2 の確率分布 F に従っているとき
>
> $$E(\overline{X}) = \mu$$
> $$V(\overline{X}) = \frac{\sigma^2}{n}$$
>
> が成り立つ。

9.3.1 正規分布の標本平均の分布

正規分布の標本平均について考えます。ここでは $n = 10$ として $X_1, X_2, \ldots, X_{10} \overset{iid}{\sim} N(1, 2)$ の標本平均 $\overline{X}$ を調べましょう。このとき $\overline{X}$ の平均は 1、分散は 2/10 になるはずです。このことを $\overline{X}$ から無作為抽出した標本データの平均と分散で確かめてみます。

In [14]:
```
mean = 1
var = 2
rv = stats.norm(mean, np.sqrt(var))

n = 10
sample_size = int(1e6)
Xs_sample = rv.rvs((n, sample_size))
sample_mean = np.mean(Xs_sample, axis=0)

np.mean(sample_mean), np.var(sample_mean)
```

Out[14]:
```
(1.000, 0.199)
```

正規分布の場合は、標本平均 $\overline{X}$ も正規分布になります。すなわち $\overline{X} \sim N(1, 2/10)$ となります。$\overline{X}$ から無作為抽出した標本データのヒストグラムとともに $N(1, 2/10)$ の密度関数を図示してみます。

In [15]:
```
fig = plt.figure(figsize=(10, 6))
ax = fig.add_subplot(111)

rv_true = stats.norm(mean, np.sqrt(var/n))
xs = np.linspace(rv_true.isf(0.999), rv_true.isf(0.001), 100)
ax.hist(sample_mean, bins=100, density=True,
        alpha=0.5, label='10個のN(1, 2)の標本平均')
ax.plot(xs, rv_true.pdf(xs), label='N(1, 0.2)', color='gray')
```

```
    ax.legend()
    ax.set_xlim(rv_true.isf(0.999), rv_true.isf(0.001))
    plt.show()
```

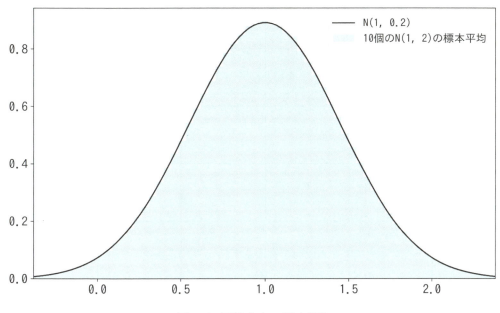

図 9.4: 正規分布の標本平均

正規分布の標本平均の分布についてまとめると次のようになります。

正規分布の標本平均の分布

$X_1, X_2, \ldots, X_n \overset{iid}{\sim} N(\mu, \sigma^2)$ としたとき

$$\overline{X} \sim N(\mu, \frac{\sigma^2}{n})$$

が成り立つ。

9.3.2 ポアソン分布の標本平均の分布

ポアソン分布の標本平均について考えます。ここでは $n = 10$ として $X_1, X_2, \ldots, X_{10} \overset{iid}{\sim} Poi(3)$ の標本平均 $\overline{X}$ を調べましょう。このとき $\overline{X}$ の期待値は 3、分散は 3/10 になるはずです。

In [16]:

```
l = 3
rv = stats.poisson(l)

n = 10
sample_size = int(1e6)
Xs_sample = rv.rvs((n, sample_size))
sample_mean = np.mean(Xs_sample, axis=0)

np.mean(sample_mean), np.var(sample_mean)
```

Out[16]:

(2.999, 0.300)

期待値と分散が異なっていることからもわかるように、$\overline{X}$ はもはやポアソン分布には従いません。再生性があるポアソン分布でも標本平均に対してはポアソン分布を保つことができないのです。それでは $\overline{X}$ はどのような分布になっているのでしょうか。ヒストグラムで図示してみます。

In [17]:

```
fig = plt.figure(figsize=(10, 6))
ax = fig.add_subplot(111)

ax.hist(sample_mean, bins=100, density=True,
        alpha=0.5, label='10個のPoi(3)の標本平均')

ax.legend()
ax.set_xlim(0, 6)
plt.show()
```

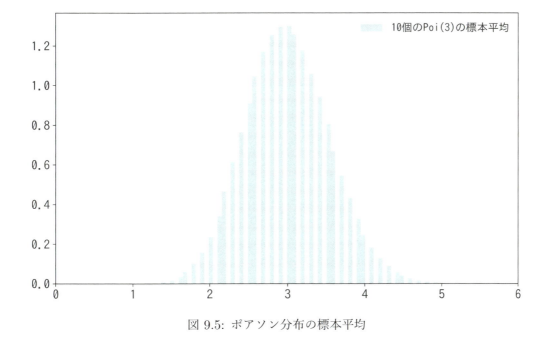

図 9.5: ポアソン分布の標本平均

左右対称の山形の分布で正規分布に近い形になりました。実際これは近似的に正規分布に従っており、次の中心極限定理によって説明できます。

9.3.3 中心極限定理

ここまで和 $\sum_{i=1}^{n} X_i$ や標本平均 $\overline{X}$ の分布を見てきました。和の分布や標本平均の分布は期待値と分散に関しては平易な計算で求まるため、分布の形さえわかれば確率分布を決定できました。しかしながら、ポアソン分布や正規分布といった再生性をもつ一部の確率分布を除き、和の分布の形がどうなるかは一般にはわかりません。さらに標本平均の分布になると再生性をもつポアソン分布ですら、ポアソン分布の形を保つことはできません。

標本平均の分布を求めるためには、面倒な計算をするか、計算パワーに物を言わせて無作為抽出するしかないのでしょうか。実は標本平均の分布に関しては、とても強力で美しい定理があります。それは**中心極限定理** (central limit theorem) です。

中心極限定理

確率変数 $X_1, X_2, \ldots, X_n$ が互いに独立に、期待値が μ で分散が σ^2 の確率分布 F に従っているとき、n が大きくなるにつれ標本平均 $\overline{X}$ の分布は正規分布 $N(\mu, \sigma^2/n)$ に近づく。

なんと元の分布がなんであろうと、標本平均の分布は正規分布に近づいていくので

す。このことをポアソン分布の標本平均で確かめてみます。ここでは $n = 10000$ として $X_1, X_2, \ldots, X_{10000} \overset{iid}{\sim} Poi(3)$ としたときの標本平均の分布を考えます。

まず標本平均の計算を 10000 回（すなわちポアソン分布からの無作為抽出は 10000*10000 回）を行います。

In [18]:
```
l = 3
rv = stats.poisson(l)

n = 10000
sample_size = 10000
Xs_sample = rv.rvs((n, sample_size))
sample_mean = np.mean(Xs_sample, axis=0)

rv_true = stats.norm(l, np.sqrt(l/n))
xs = np.linspace(rv_true.isf(0.999), rv_true.isf(0.001), 100)
```

中心極限定理により、$\overline{X}$ は近似的に $N(3, 3/10000)$ に従うはずです。$\overline{X}$ の標本データのヒストグラムと $N(3, 3/10000)$ の密度関数を一緒に図示してみます。

In [19]:
```
fig = plt.figure(figsize=(10, 6))
ax = fig.add_subplot(111)

ax.hist(sample_mean, bins=100, density=True,
        alpha=0.5, label='10000 個の Poi(3) の標本平均')
ax.plot(xs, rv_true.pdf(xs), label='N(3, 3/10000)', color='gray')

ax.legend()
ax.set_xlim(rv_true.isf(0.999), rv_true.isf(0.001))
plt.show()
```

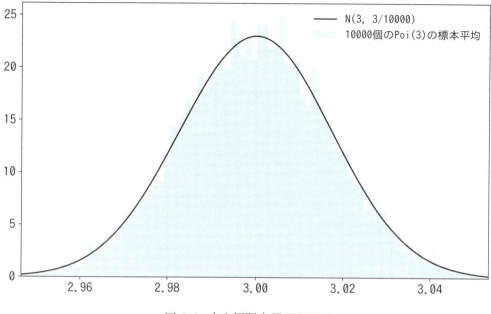

図 9.6: 中心極限定理 SAMPLE CODE

少しがたついていますが、正規分布の形に近づいていることがわかります。ここではポアソン分布によって中心極限定理を確かめましたが、ぜひ他の分布でも成立しているか確かめてみてください。

9.3.4 大数の法則

標本平均に関する定理で、中心極限定理と並んで重要なものに**大数の法則** (law of large numbers) があります。大数の法則は、サンプルサイズを大きくすると標本平均は母平均に収束 [*2] することを主張している定理です。たとえばサイコロを何回も振れば 6 が出る割合は 1/6 に近づいていく、ということは直感的に理解できると思いますが、これを数学的に裏付けているのが大数の法則になります。

大数の法則

確率変数 $X_1, X_2, \ldots, X_n$ が互いに独立に、平均が μ で分散が σ^2 であるような確率分布に従っているとき、n が大きくなるにつれ標本平均は μ に収束していく。

大数の法則をサイコロの 6 が出るかどうかで確かめてみましょう。ひとつひとつの試行は $Bern(1/6)$ に従うので、サンプルサイズが大きくなるにつれ標本平均は 1/6 に収束し

[*2] ここでいう収束は確率収束のことですが、本書の範囲を超えるため説明は省略します。ここではサンプルサイズを大きくしていくと標本平均が母平均に近づいていくというイメージを押さえておけば十分です。

ていくはずです。

　ここではサンプルサイズ 10 万の無作為抽出を 4 回しておきます。

In [20]:
```
p = 1/6
rv = stats.bernoulli(p)

n = int(1e5)
sample = rv.rvs((n, 4))
space = np.linspace(100, n, 50).astype(int)
plot_list = np.array([np.mean(sample[:sp], axis=0)
                      for sp in space]).T
```

4 回の無作為抽出それぞれで、標本平均に使うサンプルサイズを徐々に増やしていき、標本平均がどのように変化するかを図示してみます。

In [21]:
```
fig = plt.figure(figsize=(10, 6))
ax = fig.add_subplot(111)

for pl, ls in zip(plot_list, linestyles):
    ax.plot(space, pl, ls=ls, color='gray')
ax.hlines(p, -1, n, 'k')
ax.set_xlabel('サンプルサイズ')
ax.set_ylabel('標本平均')

plt.show()
```

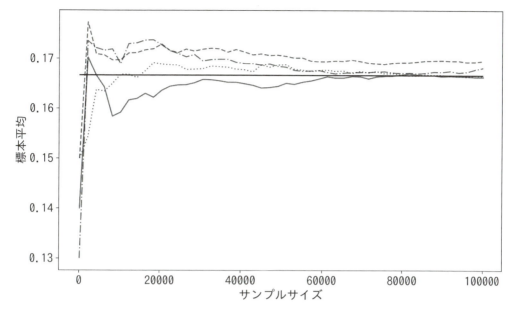

図 9.7: 大数の法則 `SAMPLE CODE`

サンプルサイズが小さいときはばらついていますが、サンプルサイズが大きくなるにつれ、どの無作為抽出の結果も 1/6 に近づいていることがわかります。

第 9 章 独立同一分布

CHAPTER

10

TITLE

統計的推定

いよいよ本章から本格的に推測統計の話に入ります。ここまでの話はすべて推測統計への準備だったため、なぜこんなものを学ぶのだろうと思うこともあったかもしれません。しかしながら、本章から学ぶ推測統計によって、それまで点と点だった知識が徐々に結びついていくはずです。

推測統計には主に推定と検定がありますが、本章では推定を説明していきます。さらに推定は点推定と区間推定の 2 つに大別できるので、10.1 節で点推定を、10.2 節で区間推定を扱うことにします。点推定とは推定したい母平均や母分散といった母数を 1 つの数値で推定する方法で、区間推定は母数を幅を持って推定する方法です。

本章でも具体例には 4 章のデータを用います。4 章で A さんは母平均に関する点推定を行いましたが、本章ではさらに母平均に関する区間推定、母分散に関する点推定、区間推定を行います。20 人分のデータしか持っていない A さんが学校全体である 400 人分の平均点や分散をどれだけ推定できるのでしょうか。

まずはいつもどおりライブラリのインポートをしましょう。

In [1]:
```
import numpy as np
import pandas as pd
import matplotlib.pyplot as plt
from scipy import stats

%precision 3
%matplotlib inline
```

テストのデータを用意しておきます。

In [2]:
```
df = pd.read_csv('../data/ch4_scores400.csv')
scores = np.array(df['点数'])
```

あらかじめ正解となる母平均 μ と母分散 σ^2 について求めておきます。文章中では母平均と母分散をそれぞれ μ と σ^2 で表記しますが、コード上の変数名には p_mean と p_var を使うことにします。

In [3]:
```
p_mean = np.mean(scores)
p_var = np.var(scores)

p_mean, p_var
```

Out[3]:
```
(69.530, 206.669)
```

8.1 節で説明したように、受験者の多いテストの点数は正規分布に従っていると近似できます。そのため 10.2 節で解説する区間推定では、母集団が正規分布に従っていることを仮定して推定を行います。正規分布という仮定がどの程度妥当なのか、全生徒の点数のヒストグラムに $N(\mu, \sigma^2)$ を重ねて図示してみます。

In [4]:
```
fig = plt.figure(figsize=(10, 6))
ax = fig.add_subplot(111)

xs = np.arange(101)
rv = stats.norm(p_mean, np.sqrt(p_var))
ax.plot(xs, rv.pdf(xs), color='gray')
ax.hist(scores, bins=100, range=(0, 100), density=True)

plt.show()
```

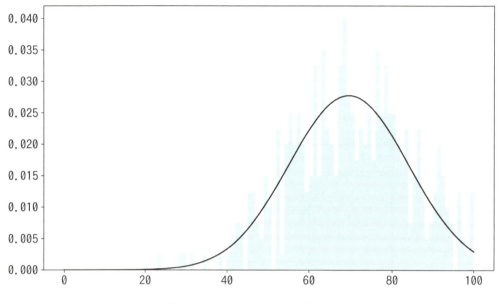

図 10.1: 点数の分布と正規分布

きれいな分布にはなっていませんが、正規分布に近い特徴を持った分布となっていそうです。

A さんが無作為抽出した 20 人分の標本データを用意しておきましょう。A さんが知っているのはこの標本データだけです。

In [5]:
```
np.random.seed(0)
n = 20
sample = np.random.choice(scores, n)
sample
```

Out[5]:
```
array([49, 60, 72, 86, 52, 61, 77, 91, 80, 56,
       69, 67, 90, 56, 75, 79, 60, 79, 68, 81])
```

A さんのデータとは別に、サンプルサイズ 20 の標本データを 1 万組用意しておきます。本章ではこのデータを使って、平均や分散をどれだけの精度で推測できているかをシミュレーションしていきます。

```
In [6]:
np.random.seed(1111)
n_samples = 10000
samples = np.random.choice(scores, (n_samples, n))
```

10.1 点推定

点推定では母平均や母分散といった母数を1つの数値で推定します。4章でAさんが母平均の推定をした方法はまさしく点推定で、推定量に標本平均を使うことで母平均のよい推定ができていました。

本節ではどうして標本平均を使うと母平均をうまく推定できるのか、そして母分散を点推定するにはどんな統計量を使えばうまく推定できるのか、ということを説明していきます。

10.1.1 母平均の点推定

9章で見てきたように、無作為抽出で得た20人のテストの点数は、期待値が μ で分散が σ^2 の確率分布に従う、互いに独立な確率変数 $X_1, X_2, \ldots, X_{20}$ と考えることができます。そして、それらから計算される標本平均 $\overline{X} = \frac{X_1 + X_2 + \ldots + X_n}{n}$ もまた確率変数になっており、試行のたびに得られる結果は異なります。

```
In [7]:
for i in range(5):
    s_mean = np.mean(samples[i])
    print(f'{i+1}回目の標本平均: {s_mean:.3f}')
```

```
Out[7]:
1回目の標本平均: 67.000
2回目の標本平均: 72.850
3回目の標本平均: 69.200
4回目の標本平均: 64.450
5回目の標本平均: 72.650
```

この標本平均 $\overline{X}$ の期待値は9.3節で確認したように $E(\overline{X}) = \mu$ となり、母平均に

一致します。このように推定量の期待値が推測したい母数になる性質のことを**不偏性** (unbiasedness) といい、不偏性をもっている推定量のことを**不偏推定量** (unbiased estimator) といいます。

標本平均 $\overline{X}$ の期待値が母平均 μ であることを大数の法則を使って確かめてみます。用意しておいた 1 万組の標本データそれぞれについて標本平均を求め、その平均を計算してみます。

In [8]:
```
sample_means = np.mean(samples, axis=1)
np.mean(sample_means)
```

Out[8]:
```
69.538
```

母平均は 69.530 でしたので、標本平均の期待値は母平均になっていそうです。標本平均が母平均をうまく推定できることの根拠の 1 つが、この不偏性です。

不偏性の他に推定量にもっていてほしい性質がもう 1 つあります。それはサンプルサイズ n を増やしていくと推測したい母数に収束していくという性質です。この性質のことを**一致性** (consistency) といい、一致性をもった推定量のことを**一致推定量** (consistent estimator) といいます。

標本平均は一致推定量でもあります。サンプルサイズ n を 100 万にしたときの、標本平均 $\overline{X}$ を見てみましょう。

In [9]:
```
np.mean(np.random.choice(scores, int(1e6)))
```

Out[9]:
```
69.543
```

母平均に近い値になりました。サンプルサイズ n を増やしていくと標本平均は母平均に収束してきます。

ここまで確認した不偏性と一致性が、推定量としてもっていることが望ましい性質です。標本平均は不偏性と一致性の両方をもっているため、母平均をうまく推定できるといえるのです。本書では不偏性と一致性をもっている推定量を、よい推定量と呼ぶことにし

ます[*1]。

改めて A さんが抽出した標本で標本平均を計算しておきましょう。

In [10]:
```
s_mean = np.mean(sample)
s_mean
```

Out[10]:
```
70.400
```

10.2 節では、A さんはこの標本平均をもとに母平均の区間推定を行っていきます。

10.1.2 母分散の点推定

標本平均は母平均のよい推定量でした。同じように、標本分散が母分散のよい推定量になりそうだと考えることは自然な発想です。このことを確かめてみましょう。

標本平均と同じように標本分散 $\frac{1}{n}\sum_{i=1}^{n}(X_i - \overline{X})^2$ は確率変数になっているので、試行のたびに結果が変わります。

In [11]:
```
for i in range(5):
    s_var = np.var(samples[i])
    print(f'{i+1}回目の標本分散：{s_var:.3f}')
```

Out[11]:
```
1回目の標本分散：116.800
2回目の標本分散：162.928
3回目の標本分散：187.060
4回目の標本分散：149.148
5回目の標本分散：111.528
```

標本分散が母分散の不偏推定量になっているかどうかを、大数の法則で確かめてみま

[*1] 不偏性や一致性のほかに、推定量がもっていることが望ましい性質として**有効性 (efficiency)** があります。有効性は不偏性をより強力にしたもので、不偏推定量の中でも分散が最小となる推定量がもつ性質です。そのため、有効性をもっている推定量のほうがより「よい推定量」といえますが、有効性は確かめることが難しい性質であるため、本書では不偏性と一致性をもった推定量を「よい推定量」として扱います。

しょう。用意しておいた 1 万組の標本データそれぞれについて標本分散を求め、その平均を計算してみます。

In [12]:

```
sample_vars = np.var(samples, axis=1)
np.mean(sample_vars)
```

Out[12]:

196.344

母分散 $\sigma^2 = 206.669$ に比べて小さな値となりました。どうやら標本分散は母分散の不偏推定量ではなさそうです。

それでは母分散の不偏推定量になる標本統計量は何か、というとそれは**不偏分散 (unbiased variance)** です。不偏分散は標本分散における割る数 n を $n-1$ にした次の式で計算されます。標本分散は S^2 で表しましたが、不偏分散は s^2 で表します。

$$s^2 = \frac{1}{n-1} \sum_{i=1}^{n} (X_i - \overline{X})^2$$

ここで、割る数 $n-1$ は**自由度 (degree of freedom)** と呼ばれる値で、自由に値をとることができる変数の数のことです。標本平均であれば、式中の $\sum_{i=1}^{n} X_i$ には何の制約もなく、各 X_i が自由に値をとれるため自由度は n になります。しかし分散の場合は、式中の $\sum_{i=1}^{n}(X_i - \overline{X})^2$ で、各 X_i が $\frac{1}{n}\sum_{i=1}^{n} X_i = \overline{X}$ を満たしつつ動かなければならないという制約が生じます。そのため自由度が 1 つ減って $n-1$ となるのです [*2]。なぜ自由度で割ると不偏性をもつのかという話は省略しますが、不偏推定量にするために自由度で割るという操作は 12 章でも出てくる重要な考え方です。

NumPy では不偏分散を var 関数の ddof 引数に 1 を指定することで計算できます [*3]。標本分散のときと同様に、大数の法則を使って不偏分散の期待値を確かめてみましょう。

In [13]:

```
sample_u_vars = np.var(samples, axis=1, ddof=1)
np.mean(sample_u_vars)
```

[*2] 母平均 μ がわかっている場合は $\frac{1}{n}\sum_{i=1}^{n}(X_i - \mu)^2$ で計算される標本統計量も分散の不偏推定量となります。この場合は $\overline{X}$ による制約がないため自由度が下がらず、n で割ったものが不偏推定量となるのです。

[*3] ddof は Delta Degrees Of Freedom(自由度の差) のことで、本来の自由度 n との差を意味しています。そのため自由度 $n-1$ で計算してほしい場合には、ddof 引数を 1 に指定するわけです。

Out[13]:

　206.678

母分散に近い値となりました。不偏分散は母分散の不偏推定量になっていそうです。

不偏分散は母分散の一致推定量にもなっています。サンプルサイズ n を 100 万にして確かめてみます。

In [14]:

```python
np.var(np.random.choice(scores, int(1e6)), ddof=1)
```

Out[14]:

　207.083

母分散に近い値となり、一致推定量になっていそうです。

これらのことから、不偏分散は母分散に対して不偏性と一致性をもった、よい推定量であることがわかりました。

最後に A さんが抽出した標本で、不偏分散を計算しておきます。

In [15]:

```python
u_var = np.var(sample, ddof=1)
u_var
```

Out[15]:

　158.253

10.2 節では、A さんはこの不偏分散をもとに母分散の区間推定を行っていきます。

10.1.3　点推定のまとめ

推定量は不偏性と一致性をもつことが望ましく、どちらの性質も備えている推定量のことを本書ではよい推定量と呼ぶことにしました。それらの性質を簡単にまとめると次のようになります。

不偏性　期待値が推測したい母数になる性質

一致性　サンプルサイズを増やしていくと、推測したい母数に収束していく性質

母平均と母分散の推定量についてもまとめておきます。

> **母平均と母分散の点推定**
>
> $X_1, X_2, \ldots, X_n$ が互いに独立に期待値が μ で分散が σ^2 であるような確率分布に従っているとする。このとき標本平均 $\overline{X}$ と不偏分散 s^2 はそれぞれ母平均 μ と母分散 σ^2 に対して不偏性と一致性をもつ推定量となる。

10.2 区間推定

10.1 節では標本平均と不偏分散がそれぞれ母平均と母分散のよい推定量となることを学びました。しかしながら標本平均や不偏分散は確率変数であるため、いくらよい推定量だという裏付けがあっても、たまたま偏った標本を抽出してしまった場合は見当違いな推定値となる可能性もあります。そのため、あらかじめ想定される誤差を見積もっておき、母平均はここからここの範囲には入る、といった主張ができればよりよい推定となりそうです。それが本節で学ぶ区間推定になります。

10.2.1 正規分布の母平均 (分散既知) の区間推定

まずは母平均の区間推定です。ここでは母集団に正規分布を仮定し、さらにその母分散がわかっている場合を考えます。

母集団に正規分布を仮定しているので、9.3 節で学んだように標本平均 $\overline{X}$ は $N(\mu, \sigma^2/n)$ に従います。つまり標本平均という推定量は期待値こそ母平均 μ であるものの標準偏差 $\sqrt{\sigma^2/n}$ でばらついています。このような推定量の標準偏差のことを**標準誤差 (standard error)** といいます。ここでは母分散 σ^2 がわかっている状況を考えているため標準誤差 $\sqrt{\sigma^2/n}$ を計算でき、推定量の誤差を見積もることができます。

標本平均 $\overline{X}$ は $N(\mu, \sigma^2/n)$ に従っているので、$Z = (\overline{X} - \mu)/\sqrt{\frac{\sigma^2}{n}}$ という標準化で標準正規分布に変換できます。標準正規分布に変換すると嬉しいのは 8.1 節で解説した $100(1-\alpha)\%$ 区間を計算できることです。

ここでは 95% 区間を考えましょう。すると $(\overline{X} - \mu)/\sqrt{\frac{\sigma^2}{n}}$ について

$$P(z_{0.975} \leq (\overline{X} - \mu)/\sqrt{\frac{\sigma^2}{n}} \leq z_{0.025}) = 0.95$$

という不等式を立てることができます。おさらいになりますが、この式は図 10.2 に示すように、確率変数 $(\overline{X} - \mu)/\sqrt{\frac{\sigma^2}{n}}$ が区間 $[z_{0.975}, z_{0.025}]$ に入る確率が 95% ということを表しています。

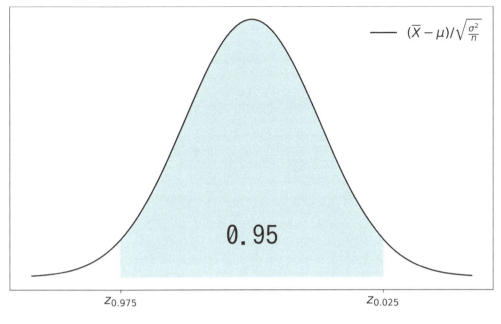

図 10.2: 標準正規分布の 95%区間

さらにこの式を P の中身が μ についての不等式になるように式変形すると、次のようになります。

$$P(\overline{X} - z_{0.025}\sqrt{\frac{\sigma^2}{n}} \leq \mu \leq \overline{X} - z_{0.975}\sqrt{\frac{\sigma^2}{n}}) = 0.95$$

この式は区間

$$\left[\overline{X} - z_{0.025}\sqrt{\frac{\sigma^2}{n}},\ \overline{X} - z_{0.975}\sqrt{\frac{\sigma^2}{n}}\right]$$

が母平均 μ を含む確率が 95%であると解釈できます。そして、この区間こそが区間推定で求めたかったもので、これを信頼係数 95%の**信頼区間 (confidence interval, CI)**、または単に 95%信頼区間といいます。信頼区間の下側と上側はそれぞれ**上側信頼限界 (upper confidence limit)**、**下側信頼限界 (lower confidence limit)** といいます。

より一般に $100(1-\alpha)\%$ 信頼区間について定式化すると次のようになります。この結果からも推定量の標準誤差 $\sqrt{\sigma^2/n}$ が区間幅を決めていることがよくわかります。

> **母分散が既知のときの母平均の信頼区間**
>
> $X_1, X_2, \ldots, X_n \overset{iid}{\sim} N(\mu, \sigma^2)$ とする。
> このとき母分散 σ^2 が既知であれば、信頼係数 $100(1-\alpha)\%$ の信頼区間は
> $$\left[\overline{X} - z_{\alpha/2}\sqrt{\frac{\sigma^2}{n}},\ \overline{X} - z_{1-\alpha/2}\sqrt{\frac{\sigma^2}{n}} \right]$$
> となる。

Python を使った実装に移りましょう。A さんの得た標本データを使って母平均の 95% 信頼区間を求めてみます。`stats.norm` を使って式どおりに実装していくと次のようになります。

In [16]:
```
rv = stats.norm()
lcl = s_mean - rv.isf(0.025) * np.sqrt(p_var/n)
ucl = s_mean - rv.isf(0.975) * np.sqrt(p_var/n)

lcl, ucl
```

Out[16]:
```
(64.100, 76.700)
```

これで母平均の 95%信頼区間は [64.1, 76.7] と求まりました。母平均の値は 69.53 点でしたので、区間内に含まれていることがわかります。

無事、信頼区間を求めることができましたが、信頼区間の解釈は少しわかりづらいものです。というのも 95%信頼区間が [64.1, 76.7] といわれたら、普通は母平均が 95%の確率で区間 [64.1, 76.7] に入ると解釈したくなりますがそうではありません。その解釈だと、[64.1, 76.7] という区間推定をし続ければ 100 回に 95 回の割合で母平均が含まれるということになってしまします。実際には [64.1, 76.7] という区間推定を 100 回しても、母平均は真の値が 1 つに定まっていることから、その結果は 100 回母平均が含まれるか、1 回も母平均が含まれないかのどちらかしかありえないのです。

95%信頼区間が [64.1, 76.7] の正しい解釈は、同じ方法で何回も標本抽出をして区間推定を行うと、そのうちの 95%の区間推定には母平均が含まれるということです。あくまで確率的に変動するのは区間のほうであって、母平均ではないということに気をつけてくだ

さい。

ここでは実験的に信頼区間の計算を 20 回行い、うち何回が母平均を含んでいるかを図示してみます。中央の縦線が母平均で、母平均を含まなかった区間推定を青色にしています。

In [17]:

```
fig = plt.figure(figsize=(10, 10))
ax = fig.add_subplot(111)

rv = stats.norm()
n_samples = 20
ax.vlines(p_mean, 0, 21)
for i in range(n_samples):
    sample_ = samples[i]
    s_mean_ = np.mean(sample_)
    lcl = s_mean_ - rv.isf(0.025) * np.sqrt(p_var/n)
    ucl = s_mean_ - rv.isf(0.975) * np.sqrt(p_var/n)
    if lcl <= p_mean <= ucl:
        ax.scatter(s_mean_, n_samples-i, color='gray')
        ax.hlines(n_samples-i, lcl, ucl, color='gray')
    else:
        ax.scatter(s_mean_, n_samples-i, color='b')
        ax.hlines(n_samples-i, lcl, ucl, color='b')
ax.set_xticks([p_mean])
ax.set_xticklabels(['母平均'])

plt.show()
```

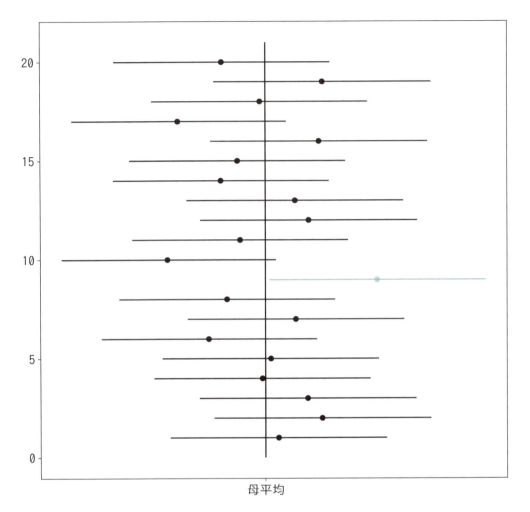

図 10.3: 母平均の区間推定のシミュレーション

20回のうち1回、母平均を含まない区間推定が行われています。これこそが95%信頼区間のイメージです。

今度はより多く1万回信頼区間の計算をして、信頼区間に母平均が含まれたのは何％かシミュレーションしてみましょう。

```
In [18]:
    rv = stats.norm()
    cnt = 0
```

```
    for sample_ in samples:
        s_mean_ = np.mean(sample_)
        lcl = s_mean_ - rv.isf(0.025) * np.sqrt(p_var/n)
        ucl = s_mean_ - rv.isf(0.975) * np.sqrt(p_var/n)
        if lcl <= p_mean <= ucl:
            cnt += 1
    cnt / len(samples)
```

Out[18]:

```
0.951
```

信頼区間のおよそ 95% が母平均を含んでいることを確認できました。

10.2.2　正規分布の母分散の区間推定

次は母分散の区間推定を行っていきます。ここでは母集団に正規分布を仮定し、母平均もわかっていない場合を考えます。

母分散の区間推定を行うにあたりゴールとしたいのは

$$P(* \leq \sigma^2 \leq *) = 0.95$$

の形です。そのためには、標本平均 $\overline{X}$ を標準化で標準正規分布に従う確率変数に変換したように、不偏分散 s^2 もなんらかの変換をして代表的な確率分布に従う確率変数を作る必要があります。

このとき使われる確率分布がカイ二乗分布で、不偏分散 s^2 に $Y = (n-1)s^2/\sigma^2$ という変換をすることで $Y \sim \chi^2(n-1)$ になることが知られています。

このことを Python で確認してみましょう。まず、用意しておいた 1 万組の標本データから Y の標本データを作ります。

In [19]:

```
sample_y = sample_u_vars * (n-1) / p_var
sample_y
```

Out[19]:

```
array([11.303, 15.767, 18.102, ..., 19.435,  9.265, 18.625])
```

Y の標本データのヒストグラムとともに $\chi^2(n-1)$ の密度関数を図示します。

In [20]:

```
fig = plt.figure(figsize=(10, 6))
ax = fig.add_subplot(111)

xs = np.linspace(0, 40, 100)
rv = stats.chi2(df=n-1)
ax.plot(xs, rv.pdf(xs), color='gray')
hist, _, _ = ax.hist(sample_y, bins=100,
                     range=(0, 40), density=True)

plt.show()
```

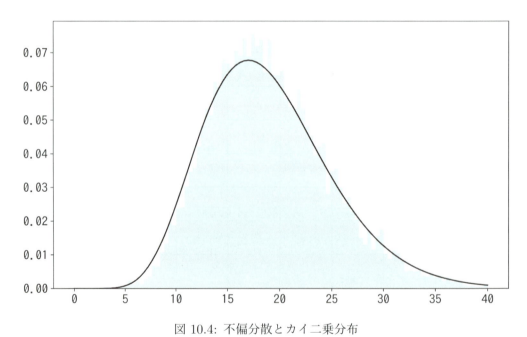

図 10.4: 不偏分散とカイ二乗分布

図 10.1 で見たようにテストの点数の分布が正規分布ときれいに一致しているわけではないので、Y のヒストグラムも少しがたついていますが、おおよそ $\chi^2(n-1)$ に一致しているといえそうです。従う分布がわかったので、あとは母平均の区間推定のときと同様の手順で母分散の区間推定を行うことができます。

母分散の 95％信頼区間を求めていきましょう。まずは $\chi^2(n-1)$ の 95％区間を求めます。

$$P(\chi^2_{0.975}(n-1) \leq \frac{(n-1)s^2}{\sigma^2} \leq \chi^2_{0.025}(n-1)) = 0.95$$

この式を P の中身が σ^2 についての不等式になるように式変形します。

$$P(\frac{(n-1)s^2}{\chi^2_{0.025}(n-1)} \leq \sigma^2 \leq \frac{(n-1)s^2}{\chi^2_{0.975}(n-1)}) = 0.95$$

これで母分散 σ^2 の信頼係数 95％の信頼区間を

$$\left[\frac{(n-1)s^2}{\chi^2_{0.025}(n-1)}, \frac{(n-1)s^2}{\chi^2_{0.975}(n-1)}\right]$$

と求めることができました。

一般化した形でまとめておきます。

母分散の信頼区間

$X_1, X_2, \ldots, X_n \overset{iid}{\sim} N(\mu, \sigma^2)$ とする。

母平均 μ が未知のとき、信頼係数 $100(1-\alpha)\%$ の信頼区間は

$$\left[\frac{(n-1)s^2}{\chi^2_{\alpha/2}(n-1)}, \frac{(n-1)s^2}{\chi^2_{1-\alpha/2}(n-1)}\right]$$

で推定される。

実装に移ります。A さんの標本データを使って 95％信頼区間を求めましょう。

In [21]:

```
rv = stats.chi2(df=n-1)
lcl = (n-1) * u_var / rv.isf(0.025)
hcl = (n-1) * u_var / rv.isf(0.975)

lcl, hcl
```

Out[21]:

```
(91.525, 337.596)
```

母分散の 95％信頼区間は [91.525, 337.596] となりました。母分散は 206.669 でしたので、区間内に含まれていることも確認できます。

母分散の 95％信頼区間のイメージをより明確にするために、信頼区間の推定を 20 回行い、どれだけ母分散を含むかということを図示してみます。カイ二乗分布が右に歪んだ分

布であるため、不偏分散に対して右の幅が長くなり、不偏分散が大きいときほど区間推定の幅が長くなっていることが見てとれます。

In [22]:

```
fig = plt.figure(figsize=(10, 10))
ax = fig.add_subplot(111)

rv = stats.chi2(df=n-1)
n_samples = 20
ax.vlines(p_var, 0, 21)
for i in range(n_samples):
    sample_ = samples[i]
    u_var_ = np.var(sample_, ddof=1)
    lcl = (n-1) * u_var_ / rv.isf(0.025)
    ucl = (n-1) * u_var_ / rv.isf(0.975)
    if lcl <= p_var <= ucl:
        ax.scatter(u_var_, n_samples-i, color='gray')
        ax.hlines(n_samples-i, lcl, ucl, 'gray')
    else:
        ax.scatter(u_var_, n_samples-i, color='b')
        ax.hlines(n_samples-i, lcl, ucl, 'b')
ax.set_xticks([p_var])
ax.set_xticklabels(['母分散'])

plt.show()
```

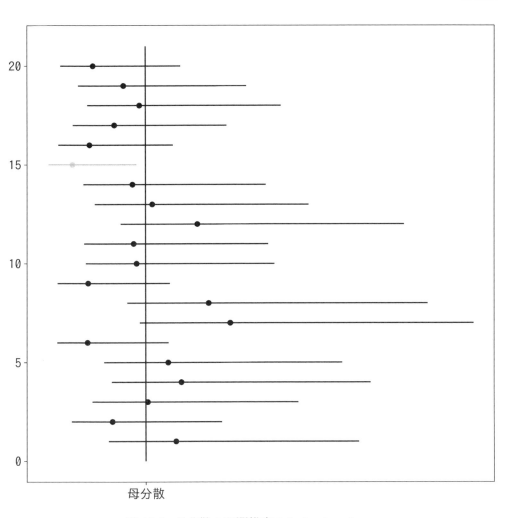

図 10.5: 母分散の区間推定のシミュレーション

より多く 1 万回信頼区間を計算して、どれだけ信頼区間に母分散が含まれたかシミュレーションしてみます。

In [23]:
```
rv = stats.chi2(df=n-1)
cnt = 0
for sample_ in samples:
    u_var_ = np.var(sample_, ddof=1)
    lcl = (n-1) * u_var_ / rv.isf(0.025)
    ucl = (n-1) * u_var_ / rv.isf(0.975)
    if lcl <= p_var <= ucl:
        cnt += 1

cnt / len(samples)
```

Out[23]:

    0.964

信頼区間のおよそ 96％が母分散を含んでいることが確認できました。

10.2.3　正規分布の母平均 (母分散未知) の区間推定

さきほどは正規分布の母平均の区間推定を、母分散はわかっているという状況で考えました。しかし、母平均がわからず母分散だけわかっているという状況はあまりなく、実用上は母分散もわからない状態で母平均の区間推定をすることが多くなります。

ここでは、そのような母分散もわからない状況における母平均の区間推定について説明します。母分散もわからない状況では、区間推定がより複雑になりそうな気がしますがそうでもありません。使う確率分布こそ異なるものの、母分散がわかっている場合とほとんど同じように区間推定を行うことができます。

母分散 σ^2 がわかっている状況では、標本平均 $\overline{X}$ の標準誤差 $\sqrt{\sigma^2/n}$ によって区間推定を行いました。母分散 σ^2 がわからない状況の問題点は、この標準誤差 $\sqrt{\sigma^2/n}$ を計算できないところにあります。そのため、ここでは母分散 σ^2 の代わりにその推定量である不偏分散 s^2 を使った $\sqrt{s^2/n}$ を標準誤差として代用します。

それでは母分散をわかっている状況と同じように、$\sqrt{s^2/n}$ を使って標本平均 $\overline{X}$ に対し

て次のような変換をしましょう。
$$t = \frac{\overline{X} - \mu}{\sqrt{s^2/n}}$$

これは標準化と同じような変換ですが、真の標準誤差を使っていないため、t は標準正規分布には従いません。標準正規分布 $Z = (\overline{X} - \mu)/\sqrt{\frac{\sigma^2}{n}}$ と比較してみると、$t = Z/\sqrt{\frac{s^2}{\sigma^2}}$ となり $\sqrt{\frac{s^2}{\sigma^2}}$ だけずれが生じているようです。この $\frac{s^2}{\sigma^2}$ は前項で確認したカイ二乗分布の関係式 $Y = (n-1)s^2/\sigma^2$ を使うことで $\frac{s^2}{\sigma^2} = Y/(n-1)$ となっていることがわかります。

つまり t は標準正規分布 Z と自由度 $n-1$ のカイ二乗分布 Y によって
$$t = \frac{Z}{\sqrt{Y/(n-1)}}$$
と表すことができるのです。これは 8.4 節で説明した t 分布の定義式そのものになっています。つまり t は自由度 $n-1$ の t 分布に従うことがわかります[*4]。

$t = (\overline{X} - \mu)/\sqrt{\frac{s^2}{n}}$ が $t(n-1)$ に従うことがわかったので、母平均の 95%信頼区間を求めてみましょう。まずは $t(n-1)$ の 95%区間を求めます。
$$P(t_{0.975}(n-1) \le (\overline{X} - \mu)/\sqrt{\frac{s^2}{n}} \le t_{0.025}(n-1)) = 0.95$$

この式を P の中身が μ についての不等式になるように式変形します。
$$P(\overline{X} - t_{0.025}(n-1)\sqrt{\frac{s^2}{n}} \le \mu \le \overline{X} - t_{0.975}(n-1)\sqrt{\frac{s^2}{n}}) = 0.95$$

これによって母平均 μ の信頼係数 95%の信頼区間は
$$\left[\overline{X} - t_{\alpha/2}(n-1)\sqrt{\frac{s^2}{n}},\ \overline{X} - t_{1-\alpha/2}(n-1)\sqrt{\frac{s^2}{n}}\right]$$

と求めることができました。使う確率分布が標準正規分布から自由度 $n-1$ の t 分布に変わっただけで、信頼区間の式はほとんど同じになります。

母分散が未知のときの母平均の信頼区間

$X_1, X_2, \ldots, X_n \overset{iid}{\sim} N(\mu, \sigma^2)$ とする。

母分散 σ^2 が未知のとき、信頼係数 $100(1-\alpha)$% の信頼区間は

$$\left[\overline{X} - t_{\alpha/2}(n-1)\sqrt{\frac{s^2}{n}},\ \overline{X} - t_{1-\alpha/2}(n-1)\sqrt{\frac{s^2}{n}}\right]$$

で推定される。

[*4] t 分布の定義として Y と Z が独立である必要があります。証明は省略しますが、ここで計算された Y と Z は独立になっています。

実装に移ります。Aさんの抽出した標本で区間推定してみましょう。

In [24]:

```
rv = stats.t(df=n-1)
lcl = s_mean - rv.isf(0.025) * np.sqrt(u_var/n)
ucl = s_mean - rv.isf(0.975) * np.sqrt(u_var/n)

lcl, ucl
```

Out [24]:

```
(64.512, 76.288)
```

母平均の 95%信頼区間は [65.457, 75.347] と求まりました。母平均の値は 69.53 点でしたので、区間内に含まれていることも確認できます。

10.2.4 ベルヌーイ分布の母平均の区間推定

ここまではテストの点数という母集団に正規分布を仮定できるデータを使って区間推定をしてきました。しかし、世の中のデータは正規分布を仮定できるものばかりではありません。たとえば政権の支持率や国民の喫煙率といった母集団の割合 p を推定したい状況です。このときの標本データは出口調査や街頭アンケートで得る、支持・不支持や吸う・吸わないという 2 値変数になります。支持を 1、不支持を 0 のように数字に対応させるとしても、実数全体を定義域としてもつ正規分布をこのような 2 値変数に仮定することは無理があります。

それではどのような確率分布を仮定すればよいのかというと、2 値変数には 6.1 節で見たベルヌーイ分布が使えます。出口調査や街頭アンケートで得る 2 値変数の標本は、母集団の割合を p とすると $Bern(p)$ に従う確率変数と考えることができるのです。そして $Bern(p)$ の期待値が p になることから、母集団の割合 p は母平均の推定と同様の枠組みで推定できます。この推定は母比率の推定とも呼ばれます。

実際に母比率の推定を行っていきましょう。ここで使うデータは「とある企業の出している商品 A を知っているか」という街頭アンケートを全国で行い 1000 人から回答を得たもので、ch10_enquete.csv に入っています。このデータから国民全体の商品 A の認知度 p を調べることがゴールです。

In [25]:

```
enquete_df = pd.read_csv('../data/ch10_enquete.csv')
enquete = np.array(enquete_df['知っている'])
n = len(enquete)
enquete[:10]
```

Out[25]:

```
array([1, 0, 1, 1, 1, 1, 1, 0, 0, 1])
```

1 が商品 A を知っている、0 が商品 A を知らないにそれぞれ対応しています。それぞれのデータを $X_1, X_2, \ldots, X_n$ とすると、これらは互いに独立に $Bern(p)$ に従います。$Bern(p)$ の期待値が p、分散が $p(1-p)$ であったことから、その標本平均 $\overline{X}$ の期待値は p、分散は $p(1-p)/n$ となります。

まずは、点推定することを考えましょう。10.1 節で見たように、標本平均は母平均のよい推定量となります。

In [26]:

```
s_mean = enquete.mean()
s_mean
```

Out[26]:

```
0.709
```

商品 A の認知度は 70.9% と推定ができました。

次は母平均の 95% 信頼区間を求めてみましょう。ここまでの方法と同様に、標本平均 $\overline{X}$ を使って

$$P(* \leq p \leq *) = 0.95$$

の形を作りたいのですが、ベルヌーイ分布の標本平均が従う確率分布を私たちは知りません。

そんなとき力を発揮するのが、中心極限定理です。中心極限定理によって、標本平均 $\overline{X}$ は近似的に $N(p, \frac{p(1-p)}{n})$ に従います。この正規分布を標準化、すなわち $Z = (\overline{X} - p)/\sqrt{\frac{p(1-p)}{n}}$ という変換を行うと、Z は標準正規分布に従うとみなせます。

$$0.95 \simeq P(z_{0.975} \leq (\overline{X} - p)/\sqrt{\frac{p(1-p)}{n}} \leq z_{0.025})$$
$$= P(\overline{X} - z_{0.025}\sqrt{\frac{p(1-p)}{n}} \leq p \leq \overline{X} - z_{0.975}\sqrt{\frac{p(1-p)}{n}})$$
$$\simeq P(\overline{X} - z_{0.025}\sqrt{\frac{\overline{X}(1-\overline{X})}{n}} \leq p \leq \overline{X} - z_{0.975}\sqrt{\frac{\overline{X}(1-\overline{X})}{n}})$$

これまで行ってきた式変形とほとんど同じですが、1 行目で中心極限定理によって、3 行目で $p(1-p)$ を $\overline{X}(1-\overline{X})$ にそれぞれ近似していることに気をつけてください。結局、母平均 p の信頼係数 95% の信頼区間は $\left[\overline{X} - z_{0.025}\sqrt{\frac{\overline{X}(1-\overline{X})}{n}}, \overline{X} - z_{0.975}\sqrt{\frac{\overline{X}(1-\overline{X})}{n}}\right]$ と求めることができました。

一般化した形でまとめておきます。

ベルヌーイ分布の母平均の信頼区間

$X_1, X_2, \ldots, X_n \stackrel{iid}{\sim} Bern(p)$ とする。

母平均の信頼係数 $100(1-\alpha)\%$ の信頼区間は

$$\left[\overline{X} - z_{\alpha/2}\sqrt{\frac{\overline{X}(1-\overline{X})}{n}}, \overline{X} - z_{1-\alpha/2}\sqrt{\frac{\overline{X}(1-\overline{X})}{n}}\right]$$

で推定される。

実装しましょう。

In [27]:
```
rv = stats.norm()
lcl = s_mean - rv.isf(0.025) * np.sqrt(s_mean*(1-s_mean)/n)
ucl = s_mean - rv.isf(0.975) * np.sqrt(s_mean*(1-s_mean)/n)

lcl, ucl
```

Out[27]:

(0.681, 0.737)

これによって商品 A の認知度 p の 95% 信頼区間は $[0.681, 0.737]$ とわかりました。

10.2.5 ポアソン分布の母平均の信頼区間

母集団に正規分布を仮定できない例をもう1つ見ていきます。ここでは、あるサイトへの1時間ごとのアクセス数が過去72時間分入ったデータch10_access.csvを使って、このサイトへの1時間あたりの平均アクセス数の推定を行います。

In [28]:
```
n_access_df = pd.read_csv('../data/ch10_access.csv')
n_access = np.array(n_access_df['アクセス数'])
n = len(n_access)
n_access[:10]
```

Out[28]:
```
array([10, 11,  9,  9, 18, 13,  4, 10, 10,  8])
```

このような単位時間あたりに発生する件数には6.4節で説明したポアソン分布が使えます。それぞれのデータを$X_1, X_2, \ldots, X_n$とすると、これらは互いに独立に$Poi(\lambda)$に従います。$Poi(\lambda)$の期待値と分散はともにλであったことから、その標本平均$\overline{X}$の期待値はλ、分散はλ/nとなります。まずは母平均λを点推定しましょう。

In [29]:
```
s_mean = n_access.mean()
s_mean
```

Out[29]:
```
10.444
```

1時間あたりの平均アクセス数は10.444件と推定できました。

次は区間推定を考えます。ポアソン分布の標本平均が従う確率分布はわからないので、中心極限定理を使います。中心極限定理により標本平均$\overline{X}$は近似的に$N(\lambda, \frac{\lambda}{n})$に従います。この正規分布を標準化、すなわち$Z = (\overline{X} - \lambda)/\sqrt{\frac{\lambda}{n}}$という変換を行うと、$Z$は標準正規分布に従うとみなせます。

母平均λの95%信頼区間を求めてみましょう。

$$0.95 \simeq P(z_{0.975} \leq (\overline{X} - \lambda)/\sqrt{\frac{\lambda}{n}} \leq z_{0.025})$$

$$= P(\overline{X} - z_{0.025}\sqrt{\frac{\lambda}{n}} \leq \lambda \leq \overline{X} - z_{0.975}\sqrt{\frac{\lambda}{n}})$$

$$\simeq P(\overline{X} - z_{0.025}\sqrt{\frac{\overline{X}}{n}} \leq \lambda \leq \overline{X} - z_{0.975}\sqrt{\frac{\overline{X}}{n}})$$

1行目で中心極限定理によって、3行目でλを$\overline{X}$にそれぞれ近似しています。結局、母平均λの信頼係数95%の信頼区間は$\left[\overline{X} - z_{0.025}\sqrt{\frac{\overline{X}}{n}} \leq \lambda \leq \overline{X} - z_{0.975}\sqrt{\frac{\overline{X}}{n}}\right]$と求めることができました。

一般化した形でまとめておきます。

ポアソン分布の母平均の信頼区間

$X_1, X_2, \ldots, X_n \overset{iid}{\sim} Poi(\lambda)$とする。
母平均の信頼係数$100(1-\alpha)\%$の信頼区間は

$$\left[\overline{X} - z_{\alpha/2}\sqrt{\frac{\overline{X}}{n}} \leq \lambda \leq \overline{X} - z_{1-\alpha/2}\sqrt{\frac{\overline{X}}{n}}\right]$$

で推定される。

実装しましょう。

In [30]:
```
rv = stats.norm()
lcl = s_mean - rv.isf(0.025) * np.sqrt(s_mean/n)
ucl = s_mean - rv.isf(0.975) * np.sqrt(s_mean/n)

lcl, ucl
```

Out[30]:
```
(9.698, 11.191)
```

これによってサイトへの平均アクセス数の95%信頼区間は$[9.698, 11.191]$とわかりました。

PYTHON×MATH SERIES

STATISTICAL ANALYSIS WITH PYTHON

CHAPTER

11

TITLE

統計的仮説検定

本章では統計的仮説検定について扱います。統計的仮説検定とは、母集団の母数に関する仮説を立て、その仮説を標本から検証する手法です。統計的仮説検定の簡単な例として次のような状況を考えましょう。

A さんはよく学校帰りにコンビニでフライドポテトを買って帰ります。このフライドポテトの重さの平均は 130g と公表されていますが、とある日、A さんがフライドポテトの重さを量ってみたら 122.02g しか入っていませんでした。このコンビニのフライドポテトは実際には平均が 130g より少ないのではないかと疑い始めた A さんは、その日から 2 週間毎日ポテトを買い、重さを量ることにしました。そして 2 週間後、集まった 14 個の標本の平均を計算したところ 128.451g となりました。14 個の標本平均が 130g より明らかに少ないと思った A さんはコンビニにクレームをつけにいったのですが、ただの偶然だと一蹴されてしまいました。はたして 14 個の標本の平均が 128.451g となったのは本当にただの偶然なのでしょうか。

こんな状況のときに使える、偶然かどうかの判断に便利な道具が統計的仮説検定です。本章ではフライドポテトの重さの平均値について検証することを題材に統計的仮説検定とは何かを 11.1 節で説明し、その後 11.2 節と 11.3 節でさまざまな状況における仮説検定を扱っていきます。

いつものようにライブラリのインポートからはじめます。

In [1]:
```
import numpy as np
import pandas as pd
from scipy import stats

%precision 3
np.random.seed(1111)
```

フライドポテトの重さのデータは ch11_potato.csv に入っています。

In [2]:
```
df = pd.read_csv('../data/ch11_potato.csv')
sample = np.array(df['重さ'])
sample
```

Out[2]:

```
array([122.02, 131.73, 130.6 , 131.82, 132.05, 126.12, 124.43,
       132.89, 122.79, 129.95, 126.14, 134.45, 127.64, 125.68])
```

標本平均を求めておきましょう。

In [3]:

```
s_mean = np.mean(sample)
s_mean
```

Out[3]:

```
128.451
```

11.1 統計的仮説検定とは

統計的仮説検定 (statistical hypothesis testing) とは、母集団の母数に関する 2 つの仮説を立て、標本から計算される統計量を用いてどちらの仮説が正しいかを判断する統計学的な枠組みです。単に仮説検定や検定ともいいます。本節では、仮説検定のイメージをつけやすいように、フライドポテトの例を使いながら用語の説明をしていきます。

11.1.1 統計的仮説検定の基本

A さんがフライドポテトについて確かめたいことは、母平均が 130g より少ないかどうかです。ここでは前提として、フライドポテトの重さが正規分布に従っていて、母分散は 9 とわかっているとします。

この場合の仮説検定では、まず、「母平均が 130g」という仮定をします。この仮定のもとで、フライドポテトの 14 個の標本は $X_1, X_2, \ldots, X_{14} \overset{iid}{\sim} N(130, 9)$ に従い、標本平均 $\overline{X}$ は $N(130, 9/14)$ に従うことになります。標本平均 $\overline{X}$ は確率変数なので、125g という少ない値になったり、135g と多い値になったりするのはここまで見てきたとおりです。

ここで標本平均 $\overline{X}$ が $P(\overline{X} \leq x) = 0.05$ を満たす x を考えましょう。

In [4]:
```
rv = stats.norm(130, np.sqrt(9/14))
rv.isf(0.95)
```

Out[4]:

128.681

$P(\overline{X} \leq 128.681) = 0.05$ となり、標本平均が 128.681g 以下の重さになることは 5%の確率でしか発生しないことがわかります。このことから、A さんの抽出した標本平均が 128.451g となったのは、5%の確率でしか発生しない珍しい出来事といえます。

もし、フライドポテトを買って標本平均が 128.451g だったら、こんなことは 5%の確率でしか起きないのに運が悪かったな、と考える寛容な方もいらっしゃるかと思いますが、仮説検定を行っている A さんはそれを偶然とは許容せず、仮定がおかしいと考えます。つまり、標本平均が 128.451g という 128.681g 以下の重さとなったのは、「母平均が 130g」という仮説のもとで 5%の確率でしか発生しない出来事が偶然起きたのではなく、もともと「母平均が 130g より少ない」と考えるのです。これによって「母平均が 130g より少ない」と結論付けるのが、仮説検定の大枠の流れです。

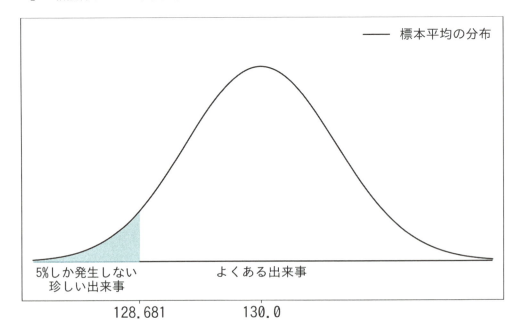

図 11.1: 帰無仮説を仮定したフライドポテトの標本平均の分布

仮説検定の流れはイメージできたかと思うので、ここからは用語の説明をします。仮説検定では母数に関する2つの仮説、**帰無仮説** (null hypothesis) と**対立仮説** (alternative hypothesis) を使います。対立仮説が主張したい仮説で「差がある」や「効果がある」といった内容になり、一方の帰無仮説は対立仮説とは逆の「差がない」や「効果がない」といった内容になります。帰無仮説と対立仮説はそれぞれ H_0、H_1 とも表記されます。

この2つの仮説を検証するために、標本から統計量を計算して仮説検定を行うわけですが、その結果得られる結論は「**帰無仮説を棄却する** (reject the null hypothesis)」か「**帰無仮説を採択する** (accept the null hypothesis)」のいずれかです。「帰無仮説を棄却する」は帰無仮説は正しくないという結論になり、一方の「帰無仮説を採択する」は帰無仮説が正しくないとはいえないと解釈し、帰無仮説が正しいかどうかはわからないという保留の結論になります。

そして、帰無仮説を棄却する・採択するの判断は、帰無仮説を仮定したもとで標本から計算される統計量が珍しい値かどうかで決まります。珍しい値を得られたら、それは偶然ではなく何か意味がある値だと考えて帰無仮説を棄却し、そうでなければ帰無仮説を採択します。ここで、偶然ではなく何か意味があるということを**有意である** (significant) といいます。

これらの用語をフライドポテトの例に当てはめてみます。仮説検定では主張したい仮説が対立仮説になるので、ここでの対立仮説は「母平均は130gより少ない」です。一方の帰無仮説はというと「母平均は130g」になります。そして、この仮説検定で得られる結論は、「帰無仮説を棄却する」すなわち「母平均は130gより少ない」か、「帰無仮説を採択する」すなわち「母平均は130gより少ないとはいえない」かのどちらかです。帰無仮説を採択する場合、「母平均は130gである」という結論にはならないことに注意してください。

先ほど確認したように、帰無仮説「母平均は130gである」を仮定したもとで、標本平均が128.451gとなるのは有意であり、帰無仮説は棄却されました。もし、標本平均が129gであったなら、それは有意ではないため、帰無仮説は採択されます。

まとめると標本平均が128.681gより下なら帰無仮説は棄却され、それより上なら帰無仮説は採択されます。このような帰無仮説が棄却される区間のことを**棄却域** (rejection region) といい、採択される区間のことを**採択域** (acceptance region) といいます。図11.1では青色の区間が棄却域で、そうでない区間が採択域となります。図11.1の塗りつぶされた領域の面積が棄却域に入る確率となるため、仮説検定ではこの確率を決めてから検定を行うことになります。この確率のことを**有意水準** (level of significance) といい、しきい値のことを**臨界値** (critical value) といいます。また、検定に使われる統計量のことを**検定統計量** (test statistic) といいます。フライドポテトの例では、有意水準

を 5%、検定統計量に標本平均を使い、臨界値が 128.681 となっていました[*1]。

検定統計量が臨界値より小さいとは図 11.2 のような状態です。図 11.2 の臨界値より左側の領域の面積は有意水準でしたが、同様に検定統計量より左側の領域の面積にも名前がついており **p 値 (p-value)** といいます。

仮説検定は検定統計量と臨界値の比較ではなく、p 値と有意水準の比較で行うこともできます。その場合は、p 値が有意水準を下回ったときに帰無仮説を棄却し、そうでないときに帰無仮説を採択します。

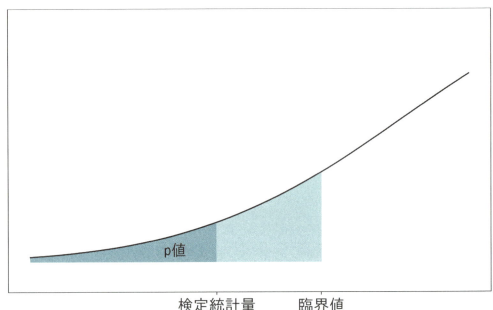

図 11.2: p 値

もう一度フライドポテトの重さの平均値について仮説検定を考えてみましょう。帰無仮説「母平均は 130g」を仮定したもとで、A さんが買った 14 個のフライドポテトは互いに独立に $N(130, 9)$ に従い、標本平均 $\overline{X}$ は $N(130, 9/14)$ に従うのでした。さきほどは検定統計量に標本平均 $\overline{X}$ を使いましたが、ここでは一般化して説明したいので、標本平均 $\overline{X}$ を標準化した $Z = (\overline{X} - 130)/\sqrt{\frac{9}{14}}$ を使います。標準化することで上側 $100\alpha\%$ 点を z_α で表すことができ、臨界値を $P((\overline{X} - 130)/\sqrt{\frac{9}{14}} \leq x) = 0.05$ を満たす x、すなわち

[*1] 有意水準はどのくらいの確率で発生する出来事を珍しいと捉えるかの設定なので、5%や 1%という値がよく使われます。しかし、それらはあくまで慣習的な値だということには気をつけてください。本書で行う仮説検定はすべて有意水準を 5%に設定していますが、その値に特別根拠はありません。

$x = z_{0.95}$ と求めることができます。

この仮説検定では検定統計量が臨界値より小さいとき帰無仮説を棄却し、そうでないときに帰無仮説を採択するので、まとめると次のようになります。

- $(\overline{X} - 130)/\sqrt{\frac{9}{14}} < z_{0.95}$ であれば帰無仮説を棄却
- $(\overline{X} - 130)/\sqrt{\frac{9}{14}} \geq z_{0.95}$ であれば帰無仮説を採択

Python で計算してみましょう。まずは検定統計量です。

In [5]:
```
z = (s_mean - 130) / np.sqrt(9/14)
z
```

Out[5]:

-1.932

次に臨界値を求めます。

In [6]:
```
rv = stats.norm()
rv.isf(0.95)
```

Out[6]:

-1.645

検定統計量と臨界値を比較すると検定統計量のほうが小さい値となっています。これによって帰無仮説は棄却され、平均は 130g より少ないという結論になります。当然ながら、これは検定統計量に標本平均を使ったときと同様の結論です。

p 値を使った仮説検定についても確認してみます。まずは検定統計量から p 値を求めます。図 11.2 からわかるように、p 値は累積分布関数を使って求めることができます。

In [7]:
```
rv.cdf(z)
```

Out[7]:
```
0.027
```

p 値が 0.027 という有意水準 0.05 より小さい値になったので、帰無仮説は棄却されます。p 値を基準にした仮説検定でもこれまでと同様の結論を得ることができました。

最後に p 値を基準に行う仮説検定の流れを図 11.3 フローチャートにしてまとめておきます。

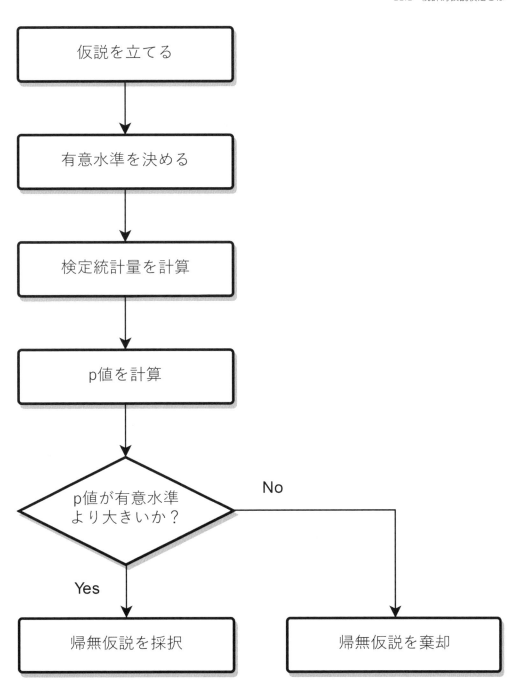

図 11.3: 仮説検定の流れ

11.1.2 片側検定と両側検定

Aさんはフライドポテトが公表値である 130g より少ないかどうかにだけ興味があったため、「母平均は 130g より少ない」という対立仮説で仮説検定を行っていました。しかし「母平均は 130g ではない」という対立仮説で仮説検定を行うこともできます。この場合、母平均が 130g より少ない場合だけでなく、母平均が 130g より多い場合も考えることになります。このような検定を**両側検定**といい、一方 A さんが行ったような片側にだけ検定を行う方法を**片側検定**といいます。

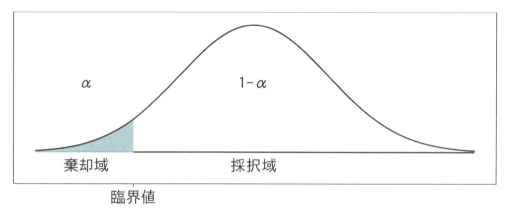

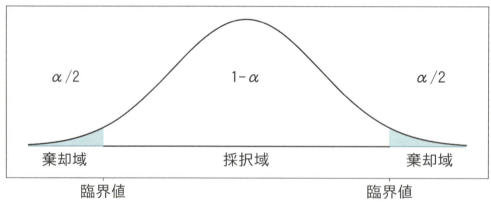

図 11.4: 片側検定と両側検定

片側検定と両側検定では棄却域が異なることに気をつけてください。同じ有意水準 α の検定であっても図 11.4 のように、同じ側について見ると片側検定のほうが棄却域が広くなります。片側検定は両側検定よりも帰無仮説を棄却しやすいのです。

フライドポテトの例で有意水準 5% の両側検定を行ってみましょう。統計検定量は片側検定のときと変わりません。

In [8]:

```
z = (s_mean - 130) / np.sqrt(9/14)
z
```

Out[8]:

-1.932

両側検定なので臨界値は標準正規分布の 95%区間によって求めることができます。

In [9]:

```
rv = stats.norm()
rv.interval(0.95)
```

Out[9]:

(-1.960, 1.960)

臨界値と統計検定量を比較してみると、統計検定量が採択域に入っていることがわかります。すなわち、両側検定では帰無仮説は棄却されません。このように両側検定と片側検定を比べると、片側検定のほうが帰無仮説を棄却しやすいという事実は覚えておいてください。

両側検定の p 値は、上側と下側の両方の面積を考慮する必要があるため、累積密度関数の値を 2 倍にします。

In [10]:

```
rv.cdf(z) * 2
```

Out[10]:

0.053

p 値が有意水準 0.05 より大きくなっていることからも帰無仮説は棄却されないことがわかります。

11.1.3 仮説検定における 2 つの過誤

仮説検定は標本を用いて確率的に結論を導いているため、判断を間違うことがあります。仮説検定における間違い（過誤）は次の 2 つです。

第一種の過誤　帰無仮説が正しいときに、帰無仮説を棄却してしまう過誤

第二種の過誤　対立仮説が正しいときに、帰無仮説を採択してしまう過誤

これだけではイメージしづらいので、フライドポテトの例で説明していきます。

第一種の過誤

フライドポテトにおける第一種の過誤は、実際に「平均が 130g」であるにも関わらず「平均は 130g より少ない」と結論付けてしまう状況です。これは、本来検出するべきでないものを検出しているので**誤検出 (false positive)** ともいいます。

このような第一種の過誤がどのくらいの割合で発生してしまうのかシミュレーションしてみましょう。実際に「平均は 130g」の状況を考えているので、母集団の確率分布は $N(130, 9)$ です。

In [11]:
```
rv = stats.norm(130, 3)
```

この母集団から 14 個の標本を抽出して仮説検定を行うという作業を 10000 回行い、第一種の過誤を犯す割合、すなわち「平均が 130g」であるにも関わらず「平均は 130g より少ない」と結論付けてしまう割合を計算してみます。

In [12]:
```
c = stats.norm().isf(0.95)
n_samples = 10000
cnt = 0
for _ in range(n_samples):
    sample_ = np.round(rv.rvs(14), 2)
    s_mean_ = np.mean(sample_)
    z = (s_mean_ - 130) / np.sqrt(9/14)
    if z < c:
        cnt += 1
cnt / n_samples
```

Out[12]:
```
0.053
```

第一種の過誤を犯した割合は 0.053 となりました。およそ 5%の割合で「130g より少ない」と誤検出してしまうようです。

第一種の過誤を犯す確率は危険率と呼ばれ、記号には α が使われます。危険率は有意水準に一致するため、分析者が制御することのできる確率です。つまり、第一種の過誤が発生する確率を 1%にしたいのであれば、分析者は有意水準 1%で仮説検定を行えばよいということです。

第二種の過誤

フライドポテトにおける第二種の過誤は、実際は「母平均が 130g より少ない」にも関わらず「母平均は 130g より少ない」という結論を得ることができない状況です。これは、本来検出するべきものを検出できていないので**検出漏れ (false negative)** ともいいます。

第二種の過誤を犯す割合をシミュレーションするために「母平均は 130g より少ない」状況を考えます。ここでは A さんがコンビニの極秘文書を入手して、フライドポテトの平均が 128g に設定されていることを知っているとしましょう。つまり母集団の確率分布は $N(128, 9)$ です。

In [13]:
```
rv = stats.norm(128, 3)
```

第二種の過誤を犯してしまう割合、すなわち「母平均は 130g より少ない」にも関わらず「母平均は 130g より少ない」という結論を得ることができない割合を、先ほどと同様の方法で計算してみます。

In [14]:
```
c = stats.norm().isf(0.95)
n_samples = 10000
cnt = 0
for _ in range(n_samples):
    sample_ = np.round(rv.rvs(14), 2)
    s_mean_ = np.mean(sample_)
    z = (s_mean_ - 130) / np.sqrt(9/14)
    if z >= c:
        cnt += 1
```

```
cnt / n_samples
```

Out[14]:

```
0.197
```

第二種の過誤を犯す割合は 0.197 となりました。およそ 20% の割合で検出漏れが発生するようです。

第二種の過誤を犯す確率には記号 β が使われ、$1 - \beta$ を**検出力 (power)** といいます。同じ「母平均が 130g より少ない」状況でも、平均が 120g の設定であれば検出漏れを起こすことが少なくなることは直感的にもわかると思います。このように β は母集団の情報に依存します。今回は A さんが極秘文書を入手したという特殊な状況を考えたため β を計算できましたが、本来母集団の情報はわからないものなので、β は分析者が制御できない確率です[2]。

このように統計的仮説検定では第一種の過誤は制御できるが、第二種の過誤は制御できないという非対称性があることは覚えておいてください。

11.2 基本的な仮説検定

本節では正規分布の母平均や母分散に関する基本的な仮説検定について見ていきます。ここではすべて両側検定で説明しますが、片側検定であっても棄却域と採択域が異なるだけで、同様の方法で検定を行うことができます。

11.2.1 正規分布の母平均の検定 (母分散既知)

母平均の検定とは、母平均が μ_0 ではないと主張するための検定です。特に母集団に正規分布を仮定してその母分散 σ^2 もわかっている状況はもっとも単純な状況設定であり、11.1 節でフライドポテトの母平均が 130g ではないと主張していたときと同じ状況です。

このときの仮説検定は次のようになります。

---

[2] 母集団の情報がわからないから推測統計を使って調べようとしているわけで、A さんのように極秘文書を入手できる能力があるのなら推測統計を使う必要はありません。

正規分布の母平均の仮説検定 (母分散既知)

$X_1, X_2, \ldots, X_n \overset{iid}{\sim} N(\mu, \sigma^2)$ とする。
このとき母平均 μ に関する有意水準 α の両側検定

- 帰無仮説: $\mu = \mu_0$

- 対立仮説: $\mu \neq \mu_0$

は、検定統計量に $Z = (\overline{X} - \mu_0)/\sqrt{\frac{\sigma^2}{n}}$ を使い

$$\begin{cases} Z < z_{1-\alpha/2} \text{ または } z_{\alpha/2} < Z \text{ ならば帰無仮説を棄却} \\ z_{1-\alpha/2} \leq Z \leq z_{\alpha/2} \text{ ならば帰無仮説を採択} \end{cases}$$

で行われる。

そのまま関数として実装します。

In [15]:
```
def pmean_test(sample, mean0, p_var, alpha=0.05):
    s_mean = np.mean(sample)
    n = len(sample)
    rv = stats.norm()
    interval = rv.interval(1-alpha)

    z = (s_mean - mean0) / np.sqrt(p_var/n)
    if interval[0] <= z <= interval[1]:
        print('帰無仮説を採択')
    else:
        print('帰無仮説を棄却')
    if z < 0:
        p = rv.cdf(z) * 2
    else:
        p = (1 - rv.cdf(z)) * 2
    print(f'p値は {p:.3f}')
```

フライドポテトの標本データで実行してみましょう。

In [16]:
```
pmean_test(sample, 130, 9)
```

Out[16]:

帰無仮説を採択

p 値は 0.053

当然ながら 11.1 節の両側検定で計算したものと同じ結果が得られています。

11.2.2　正規分布の母分散の検定

母分散の検定は、母分散がある値 σ_0^2 ではないことを主張するための検定です。この検定には $Y = (n-1)s^2/\sigma_0^2$ を検定統計量として使い、10.2 節で見たように $Y \sim \chi^2(n-1)$ となることを利用します。

正規分布の母分散の仮説検定

$X_1, X_2, \ldots, X_n \stackrel{iid}{\sim} N(\mu, \sigma^2)$ とする。

このとき母分散 σ^2 に関する有意水準 α の両側検定

- 帰無仮説: $\sigma^2 = \sigma_0^2$
- 対立仮説: $\sigma^2 \neq \sigma_0^2$

は、検定統計量に $Y = (n-1)s^2/\sigma_0^2$ を使い

$$\begin{cases} Y < \chi_{1-\alpha/2}^2(n-1) \text{ または } \chi_{\alpha/2}^2(n-1) < Y \text{ ならば帰無仮説を棄却} \\ \chi_{1-\alpha/2}^2(n-1) \leq Y \leq \chi_{\alpha/2}^2(n-1) \text{ ならば帰無仮説を採択} \end{cases}$$

で行われる。

In [17]:

```python
def pvar_test(sample, var0, alpha=0.05):
    u_var = np.var(sample, ddof=1)
    n = len(sample)
    rv = stats.chi2(df=n-1)
    interval = rv.interval(1-alpha)
    
    y = (n-1) * u_var / var0
    if interval[0] <= y <= interval[1]:
        print('帰無仮説を採択')
    else:
        print('帰無仮説を棄却')
    if y < rv.isf(0.5):
        p = rv.cdf(y) * 2
    else:
        p = (1 - rv.cdf(y)) * 2
    print(f'p値は{p:.3f}')
```

フライドポテトの標本データで実行してみましょう。ここでは $\sigma_0^2 = 9$ とします。

In [18]:

```python
pvar_test(sample, 9)
```

Out[18]:

帰無仮説を採択
p 値は 0.085

11.2.3 正規分布の母平均の検定 (母分散未知)

母分散がわからない状況における正規分布の母平均の検定は **1 標本の t 検定 (1-sample t-test)** とも呼ばれ、**t 検定統計量**と呼ばれる $t = (\overline{X} - \mu_0)/\sqrt{\frac{s^2}{n}}$ を検定統計量として使います。この t 検定統計量は 10.2 節で説明したように自由度 $n-1$ の t 分布に従います。

> **正規分布の母平均の仮説検定 (母分散未知)**
>
> $X_1, X_2, \ldots, X_n \overset{iid}{\sim} N(\mu, \sigma^2)$ とする。
> このとき母平均 μ に関する有意水準 α の両側検定
>
> - 帰無仮説: $\mu = \mu_0$
> - 対立仮説: $\mu \neq \mu_0$
>
> は、検定統計量に $t = (\overline{X} - \mu_0)/\sqrt{\frac{s^2}{n}}$ を使い
>
> $$\begin{cases} t < t_{1-\alpha/2}(n-1) \text{ または } t_{\alpha/2}(n-1) < t \text{ ならば帰無仮説を棄却} \\ t_{1-\alpha/2}(n-1) \leq t \leq t_{\alpha/2}(n-1) \text{ ならば帰無仮説を採択} \end{cases}$$
>
> で行われる。

関数の形で実装します。

In [19]:
```python
def pmean_test(sample, mean0, alpha=0.05):
    s_mean = np.mean(sample)
    u_var = np.var(sample, ddof=1)
    n = len(sample)
    rv = stats.t(df=n-1)
    interval = rv.interval(1-alpha)
    
    t = (s_mean - mean0) / np.sqrt(u_var/n)
    if interval[0] <= t <= interval[1]:
        print('帰無仮説を採択')
    else:
        print('帰無仮説を棄却')
    if t < 0:
        p = rv.cdf(t) * 2
    else:
        p = (1 - rv.cdf(t)) * 2
    print(f'p値は {p:.3f}')
```

フライドポテトの標本に対して実行してみましょう。

In [20]:
```
pmean_test(sample, 130)
```

Out[20]:

帰無仮説を採択
p 値は 0.169

1 標本の t 検定は `scipy.stats` に `ttest_1samp` 関数として実装されています。この関数の返り値は t 検定統計量と p 値です。

In [21]:
```
t, p = stats.ttest_1samp(sample, 130)
t, p
```

Out[21]:

(-1.455, 0.169)

実装した関数と同じ p 値を得られていることが確認できます。

11.3 | 2 標本問題に関する仮説検定

ここまではフライドポテトの重さといった 1 つの母集団に関する検定を考えてきました。ここからは 2 つの母集団に関する検定を考えていきます。このような問題は **2 標本問題** (**two-sample problem**) とも呼ばれ、2 標本間のさまざまな関係性を調べることができます。

本節ではまず、2 標本それぞれの代表値の間に差があるかを調べる、代表値の差の検定を扱います。代表値の差の検定は、母集団に正規分布を仮定できるか、データに対応があるかで表 11.1 のように 4 つに分類できます。それぞれで検定の方法が異なるので、本節ではひとつひとつ説明していきます。

表 11.1: 2 標本の代表値の差の検定

	正規分布を仮定できる	正規分布を仮定できない
対応あり	対応のある t 検定	ウィルコクソンの符号付き順位検定
対応なし	対応のない t 検定	マン・ホイットニーの U 検定

　ここで、データに対応があるとは、2 つのデータが同一の個体を異なる条件で測定したデータになっていることをいいます。たとえば、被験者に薬を投与した前後で計測した血圧は、同じ被験者に対して投与の前後という 2 つの条件で測定するので、対応があるデータです。そのため、ある試薬に血圧を上昇させる効果があるかを確かめるには、対応のある代表値の差の検定を行うことになります。

　一方、データに対応がないとは、2 つのデータで個体が異なるデータになっていることをいいます。たとえば、A 組の生徒のテストの点数と B 組の生徒のテストの点数は、異なる生徒の比較になるので対応がないデータです。そのため、2 つのクラスで平均点に差があるかを確かめるには、対応のない代表値の差の検定を行うことになります。

　本節の最後では独立性の検定を扱います。独立性の検定は Web マーケティングにおける A/B テストでもよく使われる検定手法で、広告 A と広告 B で商品の購入割合が変わったかどうかを調べることができます。

　また、本節で行う検定はすべて有意水準 5% で行うことにします。

11.3.1　対応のある t 検定

　対応のある t 検定 (paired t-test) とはデータに対応があり、差に正規分布を仮定できる場合の平均値の差の検定です。この検定は次のような状況のとき使うことができます。

　A さんのクラスでは最近、筋トレをすると集中力が向上すると評判です。疑い深い A さんは自身も筋トレを始める前に、本当に筋トレに効果があるのか確かめてみることにしました。そのため、まず A さんは友達 20 人に 1 週間筋トレをしてもらい、その前後で集中力を測るテストを受けてもらいました。このデータからどのような検定を行えば、筋トレが集中力テストに有意な差を出すか確かめることができるでしょうか。

　このデータは ch11_training_rel.csv に入っています。

In [22]:

```
training_rel = pd.read_csv('../data/ch11_training_rel.csv')
print(training_rel.shape)
training_rel.head()
```

Out[22]:

(20, 2)

	前	後
0	59	41
1	52	63
2	55	68
3	61	59
4	59	84

筋トレに集中力を向上させる効果があるかどうかは、筋トレ前と筋トレ後の集中力テストの平均点を比較すればよさそうです。そのため、μ_{before} を筋トレ前の集中力テストの平均点、μ_{after} を筋トレ後の集中力テストの平均点として、次のような仮説検定を行うことを考えます。このような検定が平均値の差の検定です。

- 帰無仮説：$\mu_{after} - \mu_{before} = 0$
- 対立仮説：$\mu_{after} - \mu_{before} \neq 0$

今回はデータに対応があるため、個々のデータで差を考えることができます。

In [23]:

```
training_rel['差'] = training_rel['後'] - training_rel['前']
training_rel.head()
```

Out[23]:

	前	後	差
0	59	41	-18
1	52	63	11

2	55	68	13
3	61	59	-2
4	59	84	25

もし筋トレが集中力テストに与える影響がないのであれば、その差はランダムにばらつき平均が 0 の分布となっているはずです。そのため、この仮説検定は差の平均を μ_{diff} として

- 帰無仮説：$\mu_{diff} = 0$
- 対立仮説：$\mu_{diff} \neq 0$

と言い換えることができます。

さらに、その差がそれぞれ独立に同一の正規分布に従っていると仮定できると、この検定は母分散がわからない場合の正規分布の母平均の検定、すなわち 1 標本の t 検定に帰着できます。

ここまでわかれば行うことは簡単です。11.2 節で説明したように、1 標本の t 検定は `scipy.stats` の `ttest_1samp` 関数で計算できます。

In [24]:
```
t, p = stats.ttest_1samp(training_rel['差'], 0)
p
```

Out[24]:
```
0.040
```

p 値が有意水準を下回ったため、帰無仮説は棄却となりました。どうやら筋トレは集中力に有意な差をもたらすようです。

ここでは `diff` によって仮説検定を行いましたが、`ttest_rel` 関数を使うと `before` と `after` のデータで同じ検定を行うことができます。わざわざ差を求めなくてすむため、実データに対する検定を行う際はこの関数のほうが便利かもしれません。

In [25]:
```
t, p = stats.ttest_rel(training_rel['後'], training_rel['前'])
p
```

Out[25]:

　0.040

11.3.2　対応のないt検定

対応のないt検定 (independent t-test) とはデータに対応がなく、2標本の母集団に正規分布を仮定できる場合の平均値の差の検定です。この検定は次のような状況で使うことができます。

Aさんのクラスでは筋トレが流行り始めましたが、もともとは文化系の学生が多いクラスのようです。一方、Bさんがいる隣のクラスは体育系の学生が多く、普段から筋トレをしているそうです。もし筋トレに集中力を向上させる効果があるのなら、AさんのクラスとBさんのクラスの間に集中力テストの平均に差が出るのではないかと思い、Bさんのクラスの学生にも集中力テストを受けてもらいました。このデータからどのような検定を行えば、AさんとBさんのクラスの集中力に有意な差があるか確かめることができるでしょうか。

このデータは ch11_training_ind.csv に入っています。

In [26]:
```
training_ind = pd.read_csv('../data/ch11_training_ind.csv')
print(training_ind.shape)
training_ind.head()
```

Out[26]:

　(20, 2)

	A	B
0	47	49
1	50	52
2	37	54
3	60	48
4	39	51

筋トレに集中力を向上させる効果があるかどうかは、A さんのクラスと B さんのクラスの集中力テストの平均点を比較すればよさそうです。そのため、μ_1 を A さんのクラスの平均点、μ_2 を A さんのクラスの平均点として、次のような仮説検定を行うことを考えます。

- 帰無仮説：$\mu_1 - \mu_2 = 0$
- 対立仮説：$\mu_1 - \mu_2 \neq 0$

対応がないデータのため、今回は差をとっても何の意味もありません。ここでは、A さんのクラスの標本と B さんのクラスの標本は別の母集団からの抽出されたものと考えます。それらの母集団に正規分布を仮定できると、A さんのクラスの点数 $X_1, X_2, \ldots, X_{n_1}$ は $N(\mu_1, \sigma_1^2)$ に従い、B さんのクラスの点数 $Y_1, Y_2, \ldots, X_{n_2}$ は $N(\mu_2, \sigma_2^2)$ に従っていると書くことができます。

これらの仮定のもとで検定統計量には

$$t = \frac{(\overline{X} - \overline{Y}) - (\mu_1 - \mu_2)}{\sqrt{\frac{s_1^2}{n_1} + \frac{s_2^2}{n_2}}}$$

で表される t を使います。この t は自由度が

$$df = \frac{\left(\frac{s_1^2}{n_1} + \frac{s_2^2}{n_2}\right)^2}{\frac{s_1^4}{n_1^2(n_1-1)} + \frac{s_2^4}{n_2^2(n_2-1)}}$$

の t 分布に従います。これをウェルチの方法といいます。

ずいぶん見た目がいかつい数式で実装が大変そうですが、`stats.ttest_ind` 関数を使うことで簡単に計算できます。`equal_var=False` を指定することでウェルチの方法で計算されます。

```
In [27]:
    t, p = stats.ttest_ind(training_ind['A'], training_ind['B'],
                           equal_var=False)
    p

Out[27]:
    0.087
```

帰無仮説は採択され、A さんのクラスと B さんのクラスの間には平均点に有意な差があるとはいえないという結論になりました。

11.3.3　ウィルコクソンの符号付き順位検定

ウィルコクソンの符号付き順位検定 (Wilcoxon signed-rank test) はデータに対応があり、差に正規分布を仮定できない場合の中央値の差の検定です。対応のある t 検定のときと異なり、中央値の差の検定となっていることに注意してください。

具体例としては対応のある t 検定と同様の状況を考え、ch11_training_rel.csv をふたたび使っていきます。ただし最初は仕組みを理解しやすいように、ch11_training_rel.csv のはじめの 6 行を使って説明していくことにします。

In [28]:
```
training_rel = pd.read_csv('../data/ch11_training_rel.csv')
toy_df = training_rel[:6].copy()
toy_df
```

Out[28]:

	前	後
0	59	41
1	52	63
2	55	68
3	61	59
4	59	84
5	45	37

対応のあるデータなので、やはりデータの差に着目します。

In [29]:
```
diff = toy_df['後'] - toy_df['前']
toy_df['差'] = diff
toy_df
```

Out[29]:

	前	後	差
0	59	41	-18
1	52	63	11
2	55	68	13
3	61	59	-2
4	59	84	25
5	45	37	-8

ここからが今までの方法とは全く異なります。ウィルコクソンの符号付き順位検定では、その名のとおり順位によって検定を行います。

まず、差の絶対値が小さいものから順に順位をつけていきます。順位付けには `scipy.stats` の `rankdata` 関数が便利です。

In [30]:

```
rank = stats.rankdata(abs(diff)).astype(int)
toy_df['順位'] = rank
toy_df
```

Out[30]:

	前	後	差	順位
0	59	41	-18	5
1	52	63	11	3
2	55	68	13	4
3	61	59	-2	1
4	59	84	25	6
5	45	37	-8	2

そして、差の符号がマイナスの順位の和と、差の符号がプラスの順位の和をそれぞれ求めます。それぞれ r_minus と r_plus としましょう。この場合、r_minus は $5 + 1 + 2 = 8$、r_plus は $3 + 4 + 6 = 13$ となります。

11.3 2標本問題に関する仮説検定

In [31]:
```
r_minus = np.sum((diff < 0) * rank)
r_plus = np.sum((diff > 0) * rank)

r_minus, r_plus
```

Out[31]:

(8, 13)

この r_minus と r_plus のうち小さいほうが検定統計量になります。ここでは r_minus のほうが小さいので検定統計量は 8 です。ウィルコクソンの符号付き順位検定では、この検定統計量が臨界値より小さい場合に帰無仮説が棄却されるような片側検定を行います。

なぜこのような検定統計量で中央値の差の検定ができるのでしょうか。少し極端な例を使って考察してみます。次のデータは筋トレ後のテストの結果が全員向上した状況になっています。これは明らかに中央値に差がある場合といえるでしょう。

In [32]:
```
toy_df['後'] = toy_df['前'] + np.arange(1, 7)
diff = toy_df['後'] - toy_df['前']
rank = stats.rankdata(abs(diff)).astype(int)
toy_df['差'] = diff
toy_df['順位'] = rank
toy_df
```

Out[32]:

	前	後	差	順位
0	59	60	1	1
1	52	54	2	2
2	55	58	3	3
3	61	65	4	4
4	59	64	5	5
5	45	51	6	6

差がマイナスの順位の和と、プラスの順位の和をそれぞれ計算してみます。

In [33]:
```
r_minus = np.sum((diff < 0) * rank)
r_plus = np.sum((diff > 0) * rank)

r_minus, r_plus
```

Out[33]:

(0, 21)

差がマイナスになっているデータは1つもないため、検定統計量は0です。差に偏りがあると検定統計量は小さくなることがわかります。

一方、筋トレ後にテストの結果が上がった人もいれば下がった人もいるという状況を考えてみます。

In [34]:
```
toy_df['後'] = toy_df['前'] + [1, -2, -3, 4, 5, -6]
diff = toy_df['後'] - toy_df['前']
rank = stats.rankdata(abs(diff)).astype(int)
toy_df['差'] = diff
toy_df['順位'] = rank
toy_df
```

Out[34]:

	前	後	差	順位
0	59	60	1	1
1	52	50	-2	2
2	55	52	-3	3
3	61	65	4	4
4	59	64	5	5
5	45	39	-6	6

差がマイナスの順位の和と、プラスの順位の和をそれぞれ計算してみます。

In [35]:
```
r_minus = np.sum((diff < 0) * rank)
r_plus = np.sum((diff > 0) * rank)

r_minus, r_plus
```

Out[35]:

(11, 10)

上がった人も下がった人も同じようにばらついているため、r_minus と r_plus は近い値になります。すなわち検定統計量はそれなりに大きい値になります。

このように差に偏りがあればあるほど、r_minus と r_plus にも偏りが生まれ、検定統計量は小さい値になります。この理屈によって、検定統計量が臨界値を下回れば中央値に差があると主張できるのです。

手計算の場合は、このあと臨界値を符号付き順位検定表という専用の表から調べて検定を行うのですが、本書ではそれらを省略して scipy.stats に任せることにします。scipy.stats ではウィルコクソンの符号付き順位検定を wilcoxon 関数で計算できます。この関数は符号付きの順位和を計算したあとに標準化を行い正規分布で検定を行うため、ここで説明した検定統計量とは違うものが返ってきますが基本の原理には違いがありません。

それでは training_rel に対して wilcoxon 関数を実行してみます。wilcoxon 関数の引数には 2 標本のデータを渡しても、差のデータを渡しても問題ありません。どちらでも同じ結果が出力されます。

In [36]:
```
T, p = stats.wilcoxon(training_rel['前'], training_rel['後'])
p
```

Out[36]:

0.038

In [37]:

```
T, p = stats.wilcoxon(training_rel['後'] - training_rel['前'])
p
```

Out[37]:

0.038

帰無仮説は棄却という結果になりました。これは対応のある t 検定のときと同じ結論です。

ウィルコクソンの符号付き順位検定は母集団が正規分布に従う場合でも使うことができます。ただし母集団が正規分布に従っている場合、ウィルコクソンの符号付き順位検定は対応ありの t 検定に比べ検出力が下がります。このことをシミュレーションで確かめてみましょう。

差は $N(3, 4^2)$ に従うとして、サンプルサイズ 20 の標本データを 1 万組用意しておきます。

In [38]:

```
n = 10000
diffs = np.round(stats.norm(3, 4).rvs(size=(n, 20)))
```

差が 0 ではないので、しっかり帰無仮説は棄却されてほしいところです。まずは対応ありの t 検定の検出力を調べてみます。

In [39]:

```
cnt = 0
alpha = 0.05
for diff in diffs:
    t, p = stats.ttest_1samp(diff, 0)
    if p < alpha:
        cnt += 1
cnt / n
```

Out[39]:

0.883

ウィルコクソンの符号付き順位検定の場合はどうでしょうか。

In [40]:
```
cnt = 0
alpha = 0.05
for diff in diffs:
    T, p = stats.wilcoxon(diff)
    if p < alpha:
        cnt += 1
cnt / n
```

Out[40]:

0.874

わずかながら対応ありのt検定のほうが検出力が大きそうです。母集団が正規分布に従っている場合は、対応ありのt検定のほうが検出力が高いということは覚えておきましょう。

11.3.4 マン・ホイットニーのU検定

マン・ホイットニーのU検定 (Mann-Whitney rank test) はデータに対応がなく、2標本の母集団に正規分布を仮定できない場合の中央値の差の検定です。ウィルコクソンの順位和検定[3]とも呼ばれます。

具体例としては対応のないt検定と同様の状況を考え、ch11_training_ind.csv をふたたび使っていきます。ただし最初はU検定の仕組みを理解しやすいように、ch11_training_ind.csv のはじめの5行を使って説明していきます。

In [41]:
```
training_ind = pd.read_csv('../data/ch11_training_ind.csv')
toy_df = training_ind[:5].copy()
toy_df
```

---

[3] ウィルコクソンの符号付き順位検定とは全く別の検定です。

Out[41]:

	A	B
0	47	49
1	50	52
2	37	54
3	60	48
4	39	51

U 検定ではデータ全体に対して値が小さい順に順位付けを行います。

In [42]:

```
rank = stats.rankdata(np.concatenate([toy_df['A'],
                                       toy_df['B']]))
rank_df = pd.DataFrame({'A': rank[:5],
                        'B': rank[5:10]}).astype(int)
rank_df
```

Out[42]:

	A	B
0	3	5
1	6	8
2	1	9
3	10	4
4	2	7

そして、検定統計量にはAの順位の和を使います[*4]。今回であればAの順位和は $3+6+1+10+2=22$ になります。順位和を使う直感的な理由は、Aにいい順位が集まっているとAの順位和は小さくなり、逆にAに悪い順位が集まっていたら順位和が大きくなるといったように、順位和は2標本間のデータの偏りをうまく反映するからです。

正確には、U 検定の検定統計量はAについての順位和からAの大きさを $n1$ として $n1(n1+1)/2$ を引いたものです。

[*4] B の順位を使っても構いません。

In [43]:

```
n1 = len(rank_df['A'])
u = rank_df['A'].sum() - (n1*(n1+1))/2
u
```

Out[43]:

```
7.000
```

$n1(n1+1)/2$ は検定統計量の最小値を 0 にするための数です。というのも、A の順位和が最小となるのは A にいい順位がすべて集まった場合ですが、このときの順位和が $n1(n1+1)/2$ に一致するからです[*5]。A にいい順位がすべて集まった場合のデータを作って確認してみましょう。

In [44]:

```
rank_df = pd.DataFrame(np.arange(1, 11).reshape(2, 5).T,
                       columns=['A', 'B'])
rank_df
```

Out[44]:

	A	B
0	1	6
1	2	7
2	3	8
3	4	9
4	5	10

このときの検定統計量を計算してみます。

In [45]:

```
u = rank_df['A'].sum() - (n1*(n1+1))/2
u
```

[*5] $\sum_{i=1}^{n} i = n(n+1)/2$ という公式を知っている方にはこの結果は明らかですね。

Out[45]:

0.000

確かに 0 になりました。

逆に A に悪い順位が集まっている場合はどうなるでしょう。

In [46]:

```
rank_df = pd.DataFrame(np.arange(1, 11).reshape(2, 5)[::-1].T,
                       columns=['A', 'B'])
rank_df
```

Out[46]:

	A	B
0	6	1
1	7	2
2	8	3
3	9	4
4	10	5

In [47]:

```
u = rank_df['A'].sum() - (n1*(n1+1))/2
u
```

Out[47]:

25.000

今度は大きい値になりました。A によい順位ばかりが集まっている場合でも悪い順位が集まっている場合でも、2 標本の中央値に偏りがあることには変わりません。そのため U 検定は両側検定を行うことになります。

臨界値は U 検定表という専用の表を使って調べることができますが、本書では scipy.stats に任せることにします。scipy.stats では U 検定を mannwhitneyu 関数で実行できます。

それでは training_ind に対して U 検定を行ってみましょう。引数には 2 標本それぞれ

のデータと、alternative を'two-sided' にします。

In [48]:
```
u, p = stats.mannwhitneyu(training_ind['A'], training_ind['B'],
                          alternative='two-sided')
p
```

Out[48]:
```
0.059
```

対応なしの t 検定と同様に帰無仮説が採択されるという結果になりました。

ウィルコクソンの符号付き順位検定のときと同じく、U 検定は母集団が正規分布に従っている場合、対応なしの t 検定に比べて検出力が低くなります。

11.3.5 カイ二乗検定

ここでは**独立性の検定** (test for independence) を扱います。独立性の検定とは、2 つの変数 X と Y について、「X と Y は独立である」という帰無仮説と「X と Y は独立ではない」という対立仮説によって行われる検定です。独立性の検定にはカイ二乗分布が使われることから**カイ二乗検定** (chi-square test) とも呼ばれます。具体例としては次のような状況を考えましょう。

ある商品の広告プランとして広告 A と広告 B があり、どちらの広告がより購買意欲を促すかが議論になっています。そのため、広告 A と広告 B の両方を出してみて、実際に商品が購入されたかどうかのデータをとりました。このデータから広告 A と広告 B で購入の割合に有意な差があるかを確かめるためにはどのようにすればよいでしょうか。

もし、広告の種類と購入の有無が独立ならば、広告 A を出そうが広告 B を出そうが購入の割合に変化はないはずです。一方、それらが独立でないならば、広告 A と広告 B で購入の割合には有意な差が出ます。それが、このような状況で独立性の検定を使える理由です。

このデータは ch11_ad.csv に入っており、出された広告と購入の有無が記録されています。

In [49]:

```
ad_df = pd.read_csv('../data/ch11_ad.csv')
n = len(ad_df)
print(n)
ad_df.head()
```

Out[49]:

1000

	広告	購入
0	B	しなかった
1	B	しなかった
2	A	した
3	A	した
4	B	しなかった

このままではわかりづらいので**クロス集計表 (cross table)** を作りましょう。クロス集計表は分割表とも呼ばれ、2 変数版の度数分布表のようなものです。クロス集計表は Pandas の crosstab 関数で作ることができます。

In [50]:

```
ad_cross = pd.crosstab(ad_df['広告'], ad_df['購入'])
ad_cross
```

Out[50]:

購入 広告	した	しなかった
A	49	351
B	51	549

クロス集計表にまとめることで、それぞれの広告でどれだけの人が商品を購入したか一目でわかるようになりました。クロス集計表をもとに広告 A と広告 B それぞれで商品を購入した割合がどうなっているか調べてみましょう。

11.3 2標本問題に関する仮説検定

```
In [51]:
ad_cross['した'] / (ad_cross['した'] + ad_cross['しなかった'])
```

```
Out[51]:
広告
A    0.122
B    0.085
dtype: float64
```

購入した割合は広告Aのほうが大きいようです。はたしてこれは有意な差といえるのでしょうか。

カイ二乗検定を行うためにはいくつか準備が必要です。まず購入した人の合計、購入しなかった人の合計、広告Aを見た人の合計、広告Bを見た人の合計を求めます。

```
In [52]:
n_yes, n_not = ad_cross.sum()
n_yes, n_not
```

```
Out[52]:
(100, 900)
```

```
In [53]:
n_adA, n_adB = ad_cross.sum(axis=1)
n_adA, n_adB
```

```
Out[53]:
(400, 600)
```

広告に関わらず商品を購入した割合は1割で、広告Aを見た人は400人、広告Bを見た人は600人ということがわかりました。

ここで、もし本当に広告と購入が独立で、広告によって購入した割合が変わらないのであれば、クロス集計表はどのような結果になるのが妥当かということを考えます。たとえば広告Aを見て商品を購入する人は、広告によって購入した割合が変わらないのであれば400

人のうちの 1 割、すなわち 40 人が商品を購入すると期待できそうです。このような広告と購入が独立な変数のときに期待される度数のことを**期待度数** (expected frequency) といいます。一方、実際に観測されたデータは**観測度数** (observed frequency) といいます。

期待度数の計算をすべてのセルに対して行いましょう。

In [54]:
```
ad_ef = pd.DataFrame({'した': [n_adA * n_yes / n,
                              n_adB * n_yes / n],
                      'しなかった': [n_adA * n_not / n,
                                    n_adB * n_not / n]},
                    index=['A', 'B'])
ad_ef
```

Out[54]:

	した	しなかった
A	40.0	360.0
B	60.0	540.0

カイ二乗検定では期待度数と観測度数の乖離を測ることで検定を行います。具体的には次のように計算される Y を統計検定量とします。

$$Y = \sum_i \sum_j \frac{(O_{ij} - E_{ij})^2}{E_{ij}}$$

ここで O_{ij} と E_{ij} は、それぞれ観測度数と期待度数の i 行 j 列目の成分です。

In [55]:
```
y = ((ad_cross - ad_ef) ** 2 / ad_ef).sum().sum()
y
```

Out[55]:

3.750

この Y は自由度が 1 のカイ二乗分布に近似的に従うことが知られています。従う分布がわかっていれば p 値を求めることは簡単です。

11.3 2標本問題に関する仮説検定

In [56]:

```
rv = stats.chi2(1)
1 - rv.cdf(y)
```

Out[56]:

0.053

これにより帰無仮説は採択されることになり、広告 A と広告 B に有意な差は認められないという結論になりました。

カイ二乗検定を順々に計算していくのは少し面倒でしたが、scipy.stats では chi2_contingency 関数を使うことで簡単に計算できます。引数にはクロス集計表を渡し、correction を False にします。この関数の返り値は、検定統計量、p 値、自由度、期待度数になります。

In [57]:

```
chi2, p, dof, ef = stats.chi2_contingency(ad_cross,
                                          correction=False)
chi2, p, dof
```

Out[57]:

(3.750, 0.053, 1)

In [58]:

```
ef
```

Out[58]:

```
array([[ 40., 360.],
       [ 60., 540.]])
```

chi2_contingency を使わずに計算した結果とすべて一致していることが確認できました。

第11章 統計的仮説検定

PYTHON×MATH SERIES

STATISTICAL ANALYSIS WITH PYTHON

CHAPTER

12

TITLE

回帰分析

本章では回帰分析について扱っていきます。回帰分析によって変数間の因果関係が明らかになり、ある変数が他の変数に与える影響を推定できます。回帰分析の例として次のような状況を考えます。

Aさんのクラスの数学の授業では、毎回小テストが実施されていました。この小テストの平均点と期末テストの点数に因果関係があるかどうか気になったAさんは、クラスの20人の生徒に期末テストの結果と小テストの結果を聞いて回りました。またAさんは他に期末テストに影響を及ぼしそうなものとして期末テスト前日の睡眠時間と通学方法も一緒にデータとしてとりました。これらの変数のうち、どの変数が期末テストに影響を及ぼし、どの変数を取り入れるとよいモデルとなるのでしょうか。

ここでモデルとは4.2節でも説明したように、現実世界に発生する複雑な現象を、特徴をうまく捉えつつ単純化したものを指します。期末テストの結果は当日の体調であったり、生徒の山勘といったあらゆる要因が影響する複雑な現象で、それらをすべて考慮するのは難しく、仮に期末テストの結果に関する完全な方程式を導けたとしても、それを人間が解釈するのは困難です。

そのため回帰分析では、「期末テストに影響を与える大きな要因は小テストの平均点」と現象を単純化します。小テストが期末テストに影響を及ぼす唯一の要因でないことは明らかですが、このモデルによって得られる「小テストはこれだけ期末テストに影響を及ぼす」といった結論は人間が理解できる簡単な構造になっています。

とはいえ、小テストだけでは問題を単純化しすぎて期末テストの結果という現象について十分に説明できないかもしれないので、睡眠時間や通学方法も考慮にいれたモデルも考えていきます。このように回帰分析では、人間が理解できるほど簡単な構造で、複雑な現象を十分に説明できるモデルを見つけることが目的になります。

いつもどおりライブラリのインポートをしておきます。本章ではこれまで使っていたライブラリに加えて、statsmodelsを使います。statsmodelsは回帰分析を含めたさまざまなモデルの計算を簡単に実行できるライブラリです。

In [1]:
```
import numpy as np
import pandas as pd
import matplotlib.pyplot as plt
```

```
from scipy import stats
import statsmodels.formula.api as smf

%precision 3
%matplotlib inline
```

A さんがとったデータは ch12_scores_reg.csv に入っています。

In [2]:
```
df = pd.read_csv('../data/ch12_scores_reg.csv')
n = len(df)
print(n)
df.head()
```

Out[2]:

20

	小テスト	期末テスト	睡眠時間	通学方法
0	4.2	67	7.2	バス
1	7.2	71	7.9	自転車
2	0.0	19	5.3	バス
3	3.0	35	6.8	徒歩
4	1.5	35	7.5	徒歩

12.1 単回帰モデル

回帰分析 (regression analysis) とは、因果関係が疑われる複数の変数を使って、ある変数から他の変数の値を予測する手法です。このとき原因となる変数のことを**説明変数** (explanatory variable) といい、結果となる変数のことを**応答変数** (response variable) といいます。説明変数と応答変数はそれぞれ独立変数 (independent variable) と従属変数 (dependent variable) といわれることもあります。

回帰分析において説明変数と応答変数が 1 つずつの最も単純なモデルのことを**単回帰モデル** (simple regression model) といいます。本節では応答変数を期末テストの点数、

説明変数を小テストの平均点とする単回帰モデルを例にして説明していきます。

単回帰分析の準備として応答変数である期末テストの点数を y、説明変数である小テストの平均点を x、そして説明変数の数を p として用意しておきます。

In [3]:

```
x = np.array(df['小テスト'])
y = np.array(df['期末テスト'])
p = 1
```

この 2 次元データに対して 3.2 節で説明した、散布図と回帰直線を描画してみましょう。単回帰分析では、この回帰直線を求めることが 1 つの目標となります。

In [4]:

```
poly_fit = np.polyfit(x, y, 1)
poly_1d = np.poly1d(poly_fit)
xs = np.linspace(x.min(), x.max())
ys = poly_1d(xs)

fig = plt.figure(figsize=(10, 6))
ax = fig.add_subplot(111)
ax.set_xlabel('小テスト')
ax.set_ylabel('期末テスト')
ax.plot(xs, ys, color='gray',
        label=f'{poly_fit[1]:.2f}+{poly_fit[0]:.2f}x')
ax.scatter(x, y)
ax.legend()

plt.show()
```

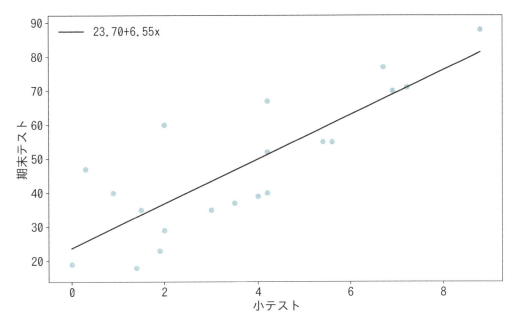

図 12.1: 散布図と回帰直線

12.1.1 回帰分析における仮説

回帰直線を引くことが目標の1つということからもわかるように、単回帰モデルでは説明変数 x と応答変数 y の間に次のような関係性を仮定します。

$$y = \beta_0 + \beta_1 x$$

しかし、散布図に引かれた回帰直線を見てわかるように、データは直線に対して完全には一致していません。冒頭でも述べたように、期末テストは当日の体調などさまざまな要因に左右されるため、小テストと完全に直線的な関係になることはまずあり得ません。そのため、基本的な関係は直線上にあると考え、他の要因については予測できない確率的なものだと考えることにします。

この予測できない部分を**誤差項 (error term)** といい ϵ_i で表すと、期末テストの結果 Y_i は次のように書くことができます。

$$Y_i = \beta_0 + \beta_1 x_i + \epsilon_i \quad (i = 1, 2, \ldots, n)$$

さらに、回帰分析では次の 2 つを仮定します。

- 説明変数は確率変数ではない

- ϵ_i は互いに独立に $N(0, \sigma^2)$ に従う

これらから確率変数 Y_i は互いに独立に $N(\beta_0 + \beta_1 x_i, \sigma^2)$ に従うことがわかります。今回の例であれば、小テストの平均点が 4 点の生徒の期末テストの点数を $N(\beta_0 + 4\beta_1, \sigma^2)$ に従う確率変数とみなすということです。

回帰分析はこれらの仮定のもとで、標本である (x_1, Y_1), (x_2, Y_2), ..., (x_n, Y_n) から母数 β_0 と β_1 を推定します。この β_0 と β_1 の推定値である $\hat{\beta}_0$ と $\hat{\beta}_1$ によって作られる直線

$$y = \hat{\beta}_0 + \hat{\beta}_1 x$$

が**回帰直線** (regression line) と呼ばれるもので、その係数である $\hat{\beta}_0$ と $\hat{\beta}_1$ を**回帰係数** (regression coefficient) といいます。

データの真の因果関係 $y = \beta_0 + \beta_1 x_i$ と回帰直線 $y = \hat{\beta}_0 + \hat{\beta}_1 x$ を示したのが図 12.2 です。この図では標本データが $\beta_0 + \beta_1 x_i$ を期待値とする正規分布から得られていることを示しています。そして、その標本データから推定された因果関係が回帰直線です。

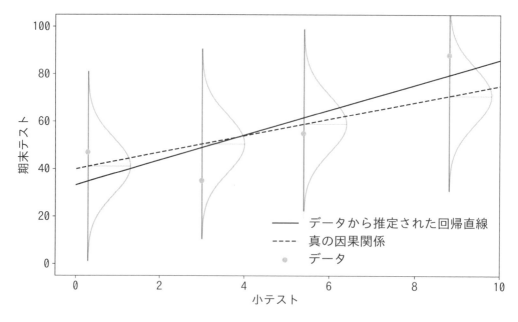

図 12.2: 回帰直線と真の因果関係

12.1.2 statsmodels による回帰分析

　statsmodels では回帰分析を `smf.ols` という関数[1]に説明変数と応答変数の関係を示した文字列と DataFrame を渡し、さらに `fit` メソッドを呼び出すことで実行できます。ここでは小テストを説明変数、期末テストを応答変数とした回帰分析を行いたいので「期末テスト ~ 小テスト」という文字列を渡しています。結果は `summary` メソッドを呼び出すことで、分析結果をすべて表にして出力してくれます[2]。

In [5]:
```
formula = '期末テスト ~ 小テスト'
result = smf.ols(formula, df).fit()
result.summary()
```

Out[5]:

```
OLS Regression Results
==============================================================
Dep. Variable:          期末テスト   R-squared:             0.676
Model:                      OLS   Adj. R-squared:        0.658
Method:           Least Squares   F-statistic:           37.61
Date:          Fri, 21 Sep 2018   Prob (F-statistic):  8.59e-06
Time:                  00:00:00   Log-Likelihood:       -76.325
No. Observations:            20   AIC:                   156.7
Df Residuals:                18   BIC:                   158.6
Df Model:                     1
Covariance Type:      nonrobust
==============================================================
                coef   std err       t    P>|t|   [0.025   0.975]
--------------------------------------------------------------
Intercept    23.6995     4.714   5.028   0.000   13.796   33.603
小テスト       6.5537     1.069   6.133   0.000    4.309    8.799
==============================================================
```

---

[1] ols とはこのあと説明する最小二乗法 (Ordinary Least Squares) のことです。
[2] 本書に掲載している表は `print(result.summary())` としたときの出力結果ですが、`result.summary()` と内容に変わりはありません。

```
Omnibus:              2.139   Durbin-Watson:        1.478
Prob(Omnibus):        0.343   Jarque-Bera (JB):     1.773
Skew:                 0.670   Prob(JB):             0.412
Kurtosis:             2.422   Cond. No.             8.32
==============================================================
```

十分すぎる量の分析結果が出てきました。分析結果は `summary` メソッドで簡単に求めることができますが、各項目が何を示しているか理解できなければ何も意味がありません。本章ではこれらの各項目が何を示しているかそれぞれ説明し、さらに NumPy や SciPy を使って計算結果を確かめていきます。

分析結果は二重線によって大きく3つに分かれているため、本書でもそれに沿って説明していきます。分析結果の上から順に、出力されている内容と本書との対応をまとめると次のようになります。

- モデルの概要とデータへのモデルの適合度…12.3 節
- 回帰係数の推定結果…次の項
- モデルに課した誤差項が正規分布に従っているという仮定の妥当性…12.4 節

12.1.3 回帰係数

ここでは回帰係数の推定結果について説明していきます。回帰係数は、真の因果関係の係数 β_0, β_1 の推定値 $\hat{\beta}_0, \hat{\beta}_1$ でしたが、ここには点推定だけでなく区間推定や仮説検定の結果も出力されています。次の表は Out [5] の中央部分を再掲したものです。

```
==============================================================
              coef    std err      t     P>|t|   [0.025   0.975]
--------------------------------------------------------------
Intercept   23.6995    4.714    5.028    0.000   13.796   33.603
小テスト      6.5537    1.069    6.133    0.000    4.309    8.799
==============================================================
```

この表の行方向はそれぞれ

- `Intercept`: 切片 β_0
- 小テスト: 傾き β_1

についての分析結果であることを表していて、列方向はそれぞれ

- `coef`: 回帰係数の推定値
- `std err`: 推定値の標準誤差
- `t`: 回帰係数に関する t 検定統計量
- `P>|t|`: t 検定統計量の p 値
- [0.025 と 0.975]: 回帰係数の 95%信頼区間

を表しています。

点推定

　ここでは `coef` に出力されている回帰係数の推定値 $\hat{\beta}_0$ と $\hat{\beta}_1$ を実際に求めていきます。この推定値が作る直線 $y = \hat{\beta}_0 + \hat{\beta}_1 x$、すなわち回帰直線は、データ $(x_1, y_1), (x_2, y_2), \ldots, (x_n, y_n)$ に対して最も適合した直線になっています。

　ここでデータに対して最も適合した直線とは、x_i から予測したモデルの**予測値 (predicted value)** $\hat{y}_i = \hat{\beta}_0 + \hat{\beta}_1 x_i$ と実際のデータ y_i との乖離がもっとも小さい直線のことです。厳密には y_i と $\hat{y}_i$ の差 $y_i - \hat{y}_i$ を**残差 (residual)** $\hat{\epsilon}_i$ として、その二乗和である**残差二乗和 (residual sum of squares, RSS)** $\sum_{i}^{n} \hat{\epsilon}_i^2$ がもっとも小さい直線として定義されます。

　図 12.3 は回帰直線とデータ、さらにその差である残差を示しています。この回帰直線が数ある直線の中で、データに対してもっとも残差二乗和を小さくする直線となっているのです。

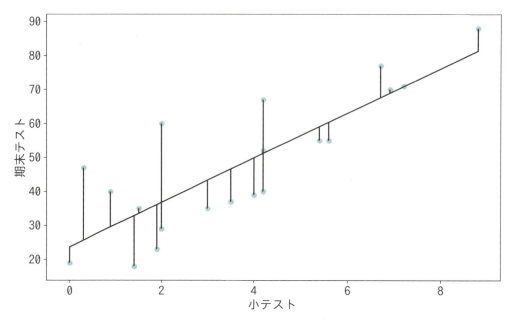

図 12.3: 回帰直線と残差

残差二乗和の最小化によって $\hat{\beta}_0$ と $\hat{\beta}_1$ を求める方法のことを**最小二乗法 (ordinary least squares)** といいます。最小二乗法によって求められた $\hat{\beta}_0$ と $\hat{\beta}_1$ はそれぞれ、β_0 と β_1 に対して不偏性と一致性をもった推定量になることが知られています。

それでは実際に最小二乗法で $\hat{\beta}_0$ と $\hat{\beta}_1$ を求めていきましょう。詳しい理論は線形代数や偏微分の知識が必要になるため本書では説明しませんが、NumPy の実装は簡単です。まず、1 列目が全部 1 で、2 列目が x となっている行列 X を作ります。

In [6]:
```
X = np.array([np.ones_like(x), x]).T
X
```

Out[6]:
```
array([[1. , 4.2],
       [1. , 7.2],
       [1. , 0. ],
       [1. , 3. ],
       [1. , 1.5],
```

```
       [1. , 0.9],
       [1. , 1.9],
       [1. , 3.5],
       [1. , 4. ],
       [1. , 5.4],
       [1. , 4.2],
       [1. , 6.9],
       [1. , 2. ],
       [1. , 8.8],
       [1. , 0.3],
       [1. , 6.7],
       [1. , 4.2],
       [1. , 5.6],
       [1. , 1.4],
       [1. , 2. ]])
```

あとは最小二乗法を実行するだけです。最小二乗法は `np.linalg.lstsq` に実装されており、第 1 引数が説明変数である X、第 2 引数が応答変数である y になります。この関数の最初の返り値が求めたい $\hat{\beta}_0$ と $\hat{\beta}_1$ になっています [*3]。

In [7]:
```
beta0_hat, beta1_hat = np.linalg.lstsq(X, y)[0]
beta0_hat, beta1_hat
```

Out[7]:

(23.699, 6.554)

$\hat{\beta}_0$ と $\hat{\beta}_1$ を求めることができたので、予測値 $\hat{y}_i = \hat{\beta}_0 + \hat{\beta}_1 x_i$ と残差 $\hat{\epsilon}_i = y_i - \hat{y}_i$ を計算できるようになりました。これらを求めてみましょう。

[*3] NumPy のバージョンによっては warning が出るかもしれませんが、結果には問題ありません。

```
In [8]:
  y_hat = beta0_hat + beta1_hat * x
  eps_hat = y - y_hat
```

残差 $\hat{\epsilon}_i$ は誤差項 ϵ_i に対応しているため、残差の分散から母分散 σ^2 を推定できます。ただし残差の自由度は回帰係数の数 $p+1$ だけ減り $n-p-1$ となるので、母分散の不偏推定量 $\hat{\sigma}^2$ は $n-p-1$ で割って計算される値になります。

$$\hat{\sigma}^2 = \frac{1}{n-p-1} \sum_{i}^{n} (\hat{\epsilon}_i - \bar{\hat{\epsilon}})^2 = \frac{1}{n-p-1} \sum_{i}^{n} \hat{\epsilon}_i^2$$

今回であれば回帰係数の数は 2 なので、自由度は $n-2$ です。

```
In [9]:
  s_var = np.var(eps_hat, ddof=p+1)
  s_var

Out[9]:
  134.290
```

区間推定

ここでは β_0 と β_1 の区間推定について説明していきます。そのためには $\hat{\beta}_0$ と $\hat{\beta}_1$ の標準誤差が必要となるのは、ここまで見てきたとおりです。

この $\hat{\beta}_0$ と $\hat{\beta}_1$ の標準誤差を求めるのは複雑なのですが、結果だけ書くとそれぞれ $\sqrt{C_0 \hat{\sigma}^2}$ と $\sqrt{C_1 \hat{\sigma}^2}$ になります。ただし $(XX^T)^{-1}$ の対角成分の 1 番目が C_0、2 番目が C_1 になります。C_0 と C_1 は NumPy では次のように求めることができます。

```
In [10]:
  C0, C1 = np.diag(np.linalg.pinv(np.dot(X.T, X)))
```

$C0$, $C1$, $\hat{\sigma}^2$ が求まったので $\hat{\beta}_0$ と $\hat{\beta}_1$ の標準誤差を計算できます。

```
In [11]:
  np.sqrt(s_var * C0), np.sqrt(s_var * C1)
```

Out[11]:

(4.714, 1.069)

標準誤差が求まったので、これまでと同様の手順で区間推定を行うことができます。$\hat{\sigma}^2$ の自由度が $n-2$ なので、回帰係数の信頼区間は自由度 $n-2$ の t 分布を使って次のように求めることができます。

回帰係数の信頼区間

回帰係数 β_0, β_1 の信頼係数 $100(1-\alpha)\%$ の信頼区間は

$$\left[\hat{\beta}_i - t_{\alpha/2}(n-2)\sqrt{\hat{\sigma}^2 C_i},\ \hat{\beta}_i - t_{1-\alpha/2}(n-2)\sqrt{\hat{\sigma}^2 C_i}\right] \quad (i=0,1)$$

で推定される。

$\hat{\beta}_0$ の 95%信頼区間を求めてみます。

In [12]:

```
rv = stats.t(n-2)

lcl = beta0_hat - rv.isf(0.025) * np.sqrt(s_var * C0)
hcl = beta0_hat - rv.isf(0.975) * np.sqrt(s_var * C0)
lcl, hcl
```

Out[12]:

(13.796, 33.603)

$\hat{\beta}_1$ の 95%信頼区間も同様です。

In [13]:

```
rv = stats.t(n-2)

lcl = beta1_hat - rv.isf(0.025) * np.sqrt(s_var * C1)
hcl = beta1_hat - rv.isf(0.975) * np.sqrt(s_var * C1)
lcl, hcl
```

Out[13]:

(4.309, 8.799)

どちらも statsmodels の分析結果と一致していることが確かめられました。

t 検定

次は回帰係数についての仮説検定を説明します。ここで考えるのは次のような仮説検定です。

- 帰無仮説: $\beta_1 = 0$
- 対立仮説: $\beta_1 \neq 0$

このあと β_0 についても同様の仮説検定を考えますが、β_1 についての仮説検定はさらに重要な意味をもちます。

というのも $\beta_1 = 0$ の場合は

$$y_i = \beta_0 + 0 \times x_i + \epsilon_i = \beta_0 + \epsilon_i$$

と説明変数が応答変数に一切影響を与えないモデルとなるため、帰無仮説が棄却され $\beta_1 \neq 0$ という結論を得ることで、説明変数が応答変数に影響を与えていることを主張できるからです。

この仮説検定の検定統計量は

$$t = \frac{\hat{\beta}_1 - \beta_1}{\sqrt{\hat{\sigma}^2 c1}}$$

です。この t もやはり残差の制約から自由度が $n-2$ の t 分布に従います。さらに帰無仮説のもとでは $\beta_1 = 0$ なので、結局

$$t = \frac{\hat{\beta}_1}{\sqrt{\hat{\sigma}^2 c1}}$$

を計算すればよいことになります。

In [14]:

```
t = beta1_hat / np.sqrt(s_var * C1)
t
```

Out[14]:

    6.133

p 値を求めてみましょう。

In [15]:

```
(1 - rv.cdf(t)) * 2
```

Out[15]:

    0.000

帰無仮説は棄却され、小テストの平均点と期末テストの点数には因果関係があるといえそうです。

β_0 についての次の仮説検定も同様に行うことができます。

- 帰無仮説: $\beta_0 = 0$
- 対立仮説: $\beta_0 \neq 0$

In [16]:

```
t = beta0_hat / np.sqrt(s_var * C0)
t
```

Out[16]:

    5.028

In [17]:

```
(1 - rv.cdf(t)) * 2
```

Out[17]:

    0.000

これらの値も statsmodels の分析結果と一致していることが確認できます。

12.2 重回帰モデル

前節では期末テストという応答変数を小テストという説明変数1つで回帰分析を行う単回帰モデルを考えました。本節では小テストの他に、テスト前日の睡眠時間や通学方法も説明変数に加えたモデルを考えます。このように説明変数が複数あるモデルのことを**重回帰モデル** (multiple regression model) といいます。重回帰モデルは p 個の説明変数 $x_1, x_2, ..., x_p$ と応答変数 y の間に次のような関係性を仮定したモデルといえます。

$$y = \beta_0 + \beta_1 x_1 + ... + \beta_p x_p$$

まずは $p = 2$ として説明変数に小テストの平均点とテスト前日の睡眠時間を使うモデルを考えます。つまり i 番目の生徒の期末テストの点数 Y_i が、小テストの平均点 x_{i1} とテスト前日の睡眠時間 x_{i2} によって

$$Y_i = \beta_0 + \beta_1 x_{i1} + \beta_2 x_{i2} + \epsilon_i$$

で表されるモデルです。

さっそく statsmodels で回帰分析を行ってみましょう。重回帰分析の場合は説明変数を+でつないだ文字列を渡します。

In [18]:
```
formula = '期末テスト ~ 小テスト + 睡眠時間'
result = smf.ols(formula, df).fit()
result.summary()
```

Out[18]:

```
OLS Regression Results
==============================================================
Dep. Variable:           期末テスト   R-squared:               0.756
Model:                     OLS   Adj. R-squared:          0.727
Method:           Least Squares   F-statistic:             26.35
Date:          Fri, 21 Sep 2018   Prob (F-statistic):    6.19e-06
Time:                 00:00:00   Log-Likelihood:         -73.497
No. Observations:           20   AIC:                     153.0
Df Residuals:               17   BIC:                     156.0
```

```
Df Model:                    2
Covariance Type:    nonrobust
===============================================================
              coef    std err       t      P>|t|    [0.025    0.975]
---------------------------------------------------------------
Intercept   -1.8709   11.635    -0.161    0.874   -26.420    22.678
小テスト      6.4289    0.956     6.725    0.000     4.412     8.446
睡眠時間      4.1917    1.778     2.357    0.031     0.440     7.943
===============================================================
Omnibus:              2.073    Durbin-Watson:          1.508
Prob(Omnibus):        0.355    Jarque-Bera (JB):       1.716
Skew:                 0.660    Prob(JB):               0.424
Kurtosis:             2.437    Cond. No.               38.0
===============================================================
```

12.2.1 回帰係数

ここでは重回帰モデルにおける回帰係数を NumPy で求めていきます。前節の単回帰モデルで一般的な議論を行ったので、回帰係数の求め方はほとんど変わりません。

まずは説明変数である小テストと睡眠時間のデータをそれぞれ x1 と x2、応答変数である期末テストのデータを y として準備します。説明変数の数 p は 2 です。

> In [19]:

```
x1 = df['小テスト']
x2 = df['睡眠時間']
y = df['期末テスト']
p = 2
```

$\beta_0, \beta_1, \beta_2$ の推定値である $\hat{\beta}_0, \hat{\beta}_1, \hat{\beta}_2$ を求めていきましょう。これらは単回帰のときと同様に、1 列目が全部 1 で、2 列目が x1、3 列目が x2 となる行列 X を作り、最小二乗法を実行することで求めることができます。

In [20]:

```
X = np.array([np.ones_like(x1), x1, x2]).T
beta0_hat, beta1_hat, beta2_hat = np.linalg.lstsq(X, y)[0]
beta0_hat, beta1_hat, beta2_hat
```

Out[20]:

(-1.871, 6.429, 4.192)

$\hat{\beta}_0, \hat{\beta}_1, \hat{\beta}_2$ を使って予測値 $\hat{y}_i = \hat{\beta}_0 + \hat{\beta}_1 x_{i1} + \hat{\beta}_2 x_{i2}$ と残差 $\hat{\epsilon}_i = y_i - \hat{y}_i$ を求めてみます。

In [21]:

```
y_hat = beta0_hat + beta1_hat * x1 + beta2_hat * x2
eps_hat = y - y_hat
```

標準誤差も単回帰のときと同様です。

In [22]:

```
s_var = np.sum(eps_hat ** 2) / (n - p - 1)
C0, C1, C2 = np.diag(np.linalg.pinv(np.dot(X.T, X)))
```

これらを使って、睡眠時間の係数である β_2 の 95% 信頼区間を求めてみます。

In [23]:

```
rv = stats.t(n-p-1)

lcl = beta2_hat - rv.isf(0.025) * np.sqrt(s_var * C2)
hcl = beta2_hat - rv.isf(0.975) * np.sqrt(s_var * C2)
lcl, hcl
```

Out[23]:

(0.440, 7.943)

statsmodels との結果に一致していることが確認できました。

12.2.2　ダミー変数

Aさんが集めたデータには生徒の通学方法も記録されていました。通学方法が期末テストの結果に影響をもたらすかはともかく、せっかくなので通学方法を含めたモデルで回帰分析を行ってみたいところです。

ただし、通学方法は小テストや睡眠時間とは異なり質的変数となっているため、少し扱いを考える必要があります。なぜなら質的変数の「バス」「自転車」「徒歩」といった文字をそのまま数式に組み込むことができないからです。その解決策として、**ダミー変数 (dummy variable)** という、質的変数を変換して量的変数と同様に扱えるようにする手法を導入します。

ダミー変数は0と1をとる2値変数で、変換したい質的変数のカテゴリ数から1つ減らした数だけ必要になります。今回であれば通学方法は「自転車」「徒歩」「バス」とカテゴリ数が3のため、ダミー変数はそこから1つ減らした2つ必要になります。ここではそれらダミー変数を $x_{徒歩}, x_{自転車}$ としましょう。このダミー変数によって徒歩を $(x_{徒歩} = 1, x_{自転車} = 0,)$、自転車を $(x_{徒歩} = 0, x_{自転車} = 1)$、そしてバスを $(x_{徒歩} = 0, x_{自転車} = 0)$ と表すことができます。

質的変数をわざわざダミー変数に変換しなければいけないのは少し面倒にも思えますが、statsmodelsではこれらの作業を自動で行ってくれます。説明変数を小テストと睡眠時間と通学方法にした重回帰モデルで回帰分析を行ってみましょう。この場合の回帰モデルは

$$Y_i = \beta_0 + \beta_1 x_{i1} + \beta_2 x_{i2} + \beta_3 x_{i\,徒歩} + \beta_4 x_{i\,自転車} + \epsilon_i$$

になります。

In [24]:
```
formula = '期末テスト ~ 小テスト + 睡眠時間 + 通学方法'
result = smf.ols(formula, df).fit()
result.summary()
```

Out[24]:

```
OLS Regression Results
=============================================================
Dep. Variable:        期末テスト    R-squared:         0.782
Model:                   OLS    Adj. R-squared:    0.724
```

```
Method:               Least Squares    F-statistic:              13.46
Date:             Fri, 21 Sep 2018    Prob (F-statistic):     7.47e-05
Time:                     00:00:00    Log-Likelihood:          -72.368
No. Observations:               20    AIC:                       154.7
Df Residuals:                   15    BIC:                       159.7
Df Model:                        4
Covariance Type:         nonrobust
==============================================================================
                    coef    std err       t      P>|t|    [0.025   0.975]
------------------------------------------------------------------------------
Intercept        -0.4788     12.068   -0.040    0.969   -26.202   25.244
通学方法[T.徒歩]  -5.8437      5.447   -1.073    0.300   -17.453    5.766
通学方法[T.自転車] 1.8118      6.324    0.286    0.778   -11.668   15.292
小テスト           6.0029      1.033    5.809    0.000     3.800    8.206
睡眠時間           4.5238      1.809    2.501    0.024     0.668    8.380
==============================================================================
Omnibus:                     1.764    Durbin-Watson:             1.418
Prob(Omnibus):               0.414    Jarque-Bera (JB):          0.989
Skew:                        0.545    Prob(JB):                  0.610
Kurtosis:                    2.985    Cond. No.                   39.8
==============================================================================
```

回帰係数の結果の部分を見てみると、通学方法[T.徒歩]と通学方法[T.自転車]という行ができています。これらがそれぞれ前述した$x_{徒歩}$と$x_{自転車}$に対応した変数になっています。

12.3 モデルの選択

　ここまで説明変数に何を入れるかで3種類のモデルを作ってきました。本節では、どのモデルが一番よいモデルかということを考えていきます。

　そもそもモデルの良さとはなんでしょうか。回帰分析で作ったモデルには大きく2つ、当てはまりの良さと予測の良さが挙げられます。

　当てはまりの良さとは、モデルが手元にあるデータにどれだけ適合しているかというこ

とです。回帰直線がデータに対してきれいに当てはまり、残差が少なければそれはよいモデルといえます。

一方の予測の良さとは、手元のデータで作ったモデルが未知のデータをどれだけ予測できるかということです。未知のデータの説明変数であっても、モデルが応答変数を精度良く予測できたらそれはよいモデルといえます。

これから見ていくように当てはまりの良さは、説明変数を増やしていくだけで簡単にあがっていきます。しかしながら、そのようにしてできたモデルは一般的に予測精度は下がってしまいます。これは**過学習 (over fitting)** と呼ばれる問題で、あまりに複雑なモデルは表現力が高すぎるあまり手元のデータに対して適合しすぎて、汎化的な予測性能を失ってしまうのです。そのためモデルは普通、適合度の良さよりも予測の精度の良さを比較して選ぶことになります。

モデルの良し悪しを測る指標は statsmodels の分析結果の上の部分に出力されています。本節では、単回帰分析の結果の出力を例に statsmodels の分析結果の見方や、それらの指標がどのように計算されているかについて説明していきます。

データを準備するため、ふたたび小テストを説明変数とした単回帰分析を実行します。ここでは summary の出力の上部分だけを掲載しています。

In [25]:
```
x = np.array(df['小テスト'])
y = np.array(df['期末テスト'])
p = 1

result = smf.ols('期末テスト ~ 小テスト', df).fit()
result.summary()
```

Out[25]:

```
==============================================================
Dep. Variable:          期末テスト   R-squared:              0.676
Model:                    OLS    Adj. R-squared:         0.658
Method:         Least Squares    F-statistic:            37.61
Date:         Fri, 21 Sep 2018   Prob (F-statistic):   8.59e-06
Time:                 00:00:00   Log-Likelihood:       -76.325
No. Observations:           20   AIC:                    156.7
```

```
Df Residuals:                  18   BIC:                          158.6
Df Model:                       1
Covariance Type:         nonrobust
==============================================================
```

本節ではモデルの予測値 $\hat{y}_i$ とその残差 $\hat{\epsilon}_i$ が必要になってきます。単回帰分析で行った計算をもう一度実行して求めてもいいですが、今回は result からもってきましょう。予測値 $\hat{y}_i$ は result の fittedvalues というインスタンス変数に格納されています。Series で格納されているため、計算しやすいように array に変換しておきます。

In [26]:

```python
y_hat = np.array(result.fittedvalues)
y_hat
```

Out[26]:

```
array([51.225, 70.886, 23.699, 43.361, 33.53 , 29.598, 36.152,
       46.638, 49.914, 59.09 , 51.225, 68.92 , 36.807, 81.372,
       25.666, 67.61 , 51.225, 60.4  , 32.875, 36.807])
```

残差 $\hat{\epsilon}_i$ は resid に格納されています。こちらも同様に Series で格納されているため array に変換します。

In [27]:

```python
eps_hat = np.array(result.resid)
eps_hat
```

Out[27]:

```
array([ 15.775,   0.114,  -4.699,  -8.361,   1.47 ,  10.402,
       -13.152,  -9.638, -10.914,  -4.09 , -11.225,   1.08 ,
        -7.807,   6.628,  21.334,   9.39 ,   0.775,  -5.4  ,
       -14.875,  23.193])
```

モデルの当てはまりの良さを測る指標の1つとして、回帰直線を求めるために使った残差二乗和が考えられます。というのも残差二乗和はデータと回帰直線の適合度を示す指標

だったからです。計算してみましょう。

In [28]:
```
np.sum(eps_hat ** 2)
```

Out[28]:

2417.228

2417.228 となりました。この値は適合度がよいことを示しているか、となると判断は難しいところです。実際、残差二乗和そのものは同じモデルの中で相対的にしか使うことができません。それでは異なるモデル間の比較に使える指標は何か、ということをこれから見ていきます。

12.3.1 決定係数

まず説明するのは**決定係数 (R-squared)** です。決定係数はモデルのデータへの適合度を表す基本的な指標です。決定係数はよく R^2 と表記され、statsmodels の結果には R-squared として出力されています。決定係数は 0 から 1 の値をとり、1 に近いほどモデルはデータへよく適合していると考えることができます。

決定係数はどのように求められているのでしょうか。そのためにはまず全変動、回帰変動、残差変動という 3 つの変動について知る必要があります。

■**全変動 (total variance)**　観測値 y_i がどれだけばらついているかという指標です。$\sum_{i=1}^{n}(y_i - \overline{y})^2$ によって計算されます。

■**回帰変動 (explained variance)**　予測値 $\hat{y}_i$ が観測値の平均値 $\overline{y}$ に対してどれだけばらついているかという指標です。$\sum_{i=1}^{n}(\hat{y}_i - \overline{y})^2$ によって計算され、予測値 $\hat{y}_i$ が観測値 y_i に近いほど全変動に近づきます。

■**残差変動 (unexplained variance)**　残差のばらつきを表す指標です。$\sum_{i=1}^{n}\hat{\epsilon}_i^2$ によって計算され、残差二乗和と同じです。予測値 $\hat{y}_i$ が観測値 y_i に近いほど 0 に近づきます。

これら 3 つの変動には次のような関係が成り立っています。

$$全変動 = 回帰変動 + 残差変動$$

上述したように予測値 $\hat{y}_i$ が観測値 y_i に近ければ、回帰変動は全変動に近い値となります。そのため全変動のうち回帰変動の占める割合が大きければそれは適合度のよいモデルといえそうです。この考えから決定係数は次のように計算されます。

$$R^2 = \frac{回帰変動}{全変動} = 1 - \frac{残差変動}{全変動}$$

実装に移りましょう。まずは各変動を求めます。

In [29]:
```
total_var = np.sum((y - np.mean(y))**2)
exp_var = np.sum((y_hat - np.mean(y))**2)
unexp_var = np.sum(eps_hat ** 2)
```

全変動 ＝ 回帰変動 ＋ 残差変動の関係が成り立っているか確かめてみましょう。

In [30]:
```
total_var, exp_var + unexp_var
```

Out[30]:

(7468.550, 7468.550)

問題なさそうです。それでは決定係数を求めてみます。

In [31]:
```
exp_var / total_var
```

Out[31]:

0.676

単回帰の決定係数は、説明変数と応答変数の相関係数の二乗 r_{xy}^2 に一致することが知られています。

In [32]:
```
np.corrcoef(x, y)[0, 1] ** 2
```

Out[32]:

0.676

ここでは決定係数が大きいモデルがデータへの適合度がよいモデルということを説明しました。それではこれまで見てきたモデルの中で一番データへの適合度がよいモデルはどれでしょうか。statsmodels の分析結果の R-squared から得たそれぞれの回帰係数の値を整理してみます。

- 期末テスト ~ 小テスト: 0.676

- 期末テスト ~ 小テスト ＋ 睡眠時間: 0.756

- 期末テスト ~ 小テスト ＋ 睡眠時間 ＋ 通学方法: 0.782

　決定係数を基準にすると、変数が全部入ったモデルの適合度が一番よいということになりました。通学方法という一見期末テストの結果には影響しなさそうな変数が入ったモデルが一番よいという結果は少し意外だと思います。

　実は決定係数というのは、それがどんな無意味な変数であっても説明変数が増えると増加することが知られています。すなわち説明変数にホワイトハウス周辺の天気といった期末テストとは明らかに無関係な変数であっても、決定係数を基準にするとその説明変数を追加したモデルが選ばれてしまうのです。このような問題を解決するのが次の自由度調整済み決定係数です。

12.3.2　自由度調整済み決定係数

　自由度調整済み決定係数 (adjusted R-square) は説明変数を追加したときに、その説明変数にある程度以上の説明力がない場合は値が増加しないように調整した決定係数のことです。自由度調整済み決定係数は $\overline{R}^2$ で表記され、statsmodels の分析結果には `Adj. R-squared` として出力されています。

　自由度調整済み決定係数はその名のとおり、自由度を考慮した決定係数のことです。残差変動と全変動をそれぞれの自由度で割り、次のように計算されます。

$$\overline{R}^2 = 1 - \frac{残差変動/n-p-1}{全変動/n-1}$$

　なお、全変動の自由度は回帰係数の数に関わらず常に $n-1$ で、残差変動の自由度は $n-p-1$、回帰変動の自由度は説明変数の数 p になります。自由度に関しても

$$全変動の自由度 = 回帰変動の自由度 + 残差変動の自由度$$

が満たされています。また、回帰変動の自由度はモデルの自由度とも呼ばれ statsmodels の分析結果の `Df Model` に出力されています。残差変動の自由度は残差の自由度ともいわれ `Df Residual` に出力されています。

　それでは、単回帰モデルにおける自由度調整済み決定係数を定義どおり求めてみましょう。

```
In [33]:
1 - (unexp_var / (n - p - 1)) / (total_var / (n - 1))
```

```
Out[33]:
0.658
```

それぞれのモデルの自由度調整済み決定係数は次のようになっています。

- 期末テスト ~ 小テスト: 0.658

- 期末テスト ~ 小テスト ＋ 睡眠時間: 0.727

- 期末テスト ~ 小テスト ＋ 睡眠時間 ＋ 通学方法: 0.724

自由度調整済み決定係数を基準にすると、説明変数を小テストと睡眠時間にしたモデルの適合度が一番よいということになりました。

12.3.3　F 検定

F 検定 (F test) は切片 β_0 以外の回帰係数に関する、次のような仮説に対して行われる検定です。

- 帰無仮説: $\beta_1 = \beta_2 = \ldots = \beta_p = 0$

- 対立仮説: 少なくとも 1 つの β_i は 0 ではない

F 検定は t 検定のように個々の回帰係数に対してでなく、モデル全体に対して行われます。この検定で使われる検定統計量である F 検定統計量は分析結果の `F-statistic` に、その p 値は `Prob (F-statistic)` に出力されています。

F 検定統計量は次のように計算され、自由度 $(p, n-p-1)$ の F 分布に従います。

$$F = \frac{回帰変動/p}{残差変動/(n-p-1)}$$

F 検定の理屈は回帰係数のときと似ていて、モデルの適合度がよいときほど残差変動より回帰変動が大きくなることを利用します。これによって F 検定統計量がある値より大きくなった場合、モデルがデータに適合していると考えることができ、上側の片側検定を行うことでモデル全体に関する仮説検定を行うことができるのです。

また、F 検定統計量の分母と分子は、残差変動をその自由度で割ったものと、回帰変動をその自由度で割ったものになっています。これらはそれぞれ残差の分散とモデルの分散

と考えることができ、F 検定統計量は分散の比を検定していると解釈できます。そのためこの検定は**分散分析** (analysis of variance, ANOVA) とも呼ばれます。

それでは F 検定統計量を求めてみましょう。

In [34]:
```
f = (exp_var / p)  / (unexp_var / (n - p - 1))
f
```

Out[34]:
```
37.615
```

対応する p 値を求めてみます。

In [35]:
```
rv = stats.f(p, n-p-1)
1 - rv.cdf(f)
```

Out[35]:
```
0.000
```

帰無仮説は棄却され、説明変数のうち少なくとも 1 つは応答変数に影響を与えることがわかりました。

12.3.4 最大対数尤度と AIC

ここまではモデルのデータに対する当てはまりの指標を見ていきました。ここではモデルの予測性能に関する重要な指標である**赤池情報量規準** (Akaike's information criterion, AIC) を説明していきます。AIC を説明するにあたって尤度や最大対数尤度といった概念が必要となるため、順を追って説明していきます。

尤度

尤度 (likelihood) とは、ある観測値が得られる確率のことです。簡単な例として表が 0.3、裏が 0.7 の確率で出る歪んだコインを考えます。このコインを 5 回投げたところ表を 1、裏を 0 として結果が [0, 1, 0, 0, 1] となりました。このとき、この結果が得られる確率はというと

$$0.3 * 0.7 * 0.3 * 0.3 * 0.7 \simeq 0.031$$

と求めることができます。ただの同時確率にも思えますが、ここではこれを尤度といいます。

少し一般化して書くと、コインの確率関数を $f(x)$、得られた観測値を x_1, x_2, x_3, x_4, x_5 とすると尤度 L は

$$L = \prod_{i=1}^{5} f(x_i) = 0.3^2 0.7^3 \simeq 0.031$$

となります。ここまでを実装してみます。

In [36]:
```
prob = 0.3
coin_result = [0, 1, 0, 0, 1]

rv = stats.bernoulli(prob)
L = np.prod(rv.pmf(coin_result))
L
```

Out[36]:

0.031

それでは、コインの表が出る確率 p がわからない場合に $[0, 1, 0, 0, 1]$ という結果を得た場合の尤度はどうでしょう。これも同様に

$$L = \prod_{i=1}^{5} f(x_i) = p^2(1-p)^3$$

と書くことができます。ただ、この場合は母数 p が未知のため、尤度 L は p の関数になっているように見えます。そのため、これを**尤度関数 (likelihood function)** と呼び、$L(p)$ と表記します。

p を 0 から 1 で変化させたときの尤度関数を描画してみます。

In [37]:
```
ps = np.linspace(0, 1, 100)
Ls = [np.prod(stats.bernoulli(prob).pmf(coin_result))
      for prob in ps]

fig = plt.figure(figsize=(10, 6))
```

```
ax = fig.add_subplot(111)
ax.plot(ps, Ls, label='尤度関数', color='gray')
ax.legend()
plt.show()
```

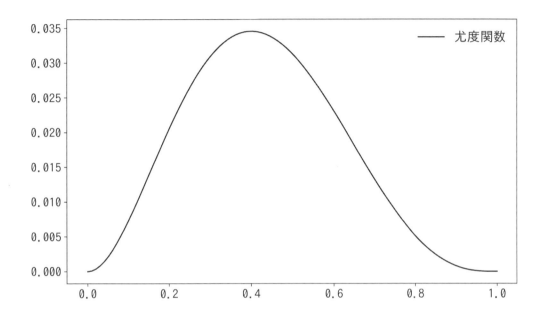

グラフから尤度関数は p が 0.4 のとき最大となっているようです。これは観測値にとって $p = 0.4$ が最もそれらしい母数であると言い換えることができます。このように観測値にとって最も尤もらしいという理由で母数 p を推定する方法を**最尤推定法** (method of maximum likelihood) といいます。また最尤推定法によって推測される推定量のことを**最尤推定量** (maximum likelihood estimator)、その推定値を**最尤推定値** (maximum likelihood estimate) といいます。

ここでは離散型の確率変数を考えましたが、連続型の確率変数でも尤度を定義できます。$f(x)$ を離散型確率変数の場合は確率関数で、連続型確率変数の場合は確率密度関数とすると、次の定義はどちらの場合にも対応した尤度の定義になっています。

$$L = \prod_{i=1}^{n} f(x_i)$$

尤度は確率の積となるため、かければかけるほど 0 に近づいていってしまいます。そのような小さな値は手計算においても、コンピュータにおいても扱いづらいため、尤度の対数をとった**対数尤度** (log-likelihood) が代わりによく使われます。つまり対数尤度は

$$\log L = \sum_{i=1}^{n} \log f(x_i)$$

と定義されます。尤度関数が最大となるとき、対数尤度関数も最大になるため、最尤推定は対数尤度関数が最大となるときのパラメタとして求めることができます。そのときの対数尤度の値を**最大対数尤度 (maximum log-likelihood)** といいます。

コインの最大対数尤度を求めてみましょう。p の最尤推定値は 0.4 でしたので、$p = 0.4$ にしたときの対数尤度が最大対数尤度になります。

In [38]:
```
prob = 0.4
rv = stats.bernoulli(prob)
mll = np.sum(np.log(rv.pmf([0, 1, 0, 0, 1])))
mll
```

Out[38]:
```
-3.365
```

最大対数尤度

回帰分析に話を戻します。単回帰モデルでは $Y_i \sim N(\beta_0 + \beta_1 x_i, \sigma^2)$ という関係を仮定していました。この仮定のもとで観測値 $(x_1, y_1), (x_2, y_2), \ldots, (x_n, y_n)$ に対する最大対数尤度はモデルのデータへのあてはまりの良さを表していると考えることができます。この最大対数尤度が分析結果の Log-Likelihood に出力されています。

それでは具体的に単回帰モデルでの最大対数尤度を求めていきましょう。単回帰モデルにおいて $\beta_0, \beta_1, \sigma^2$ の最尤推定量はそれぞれ $\hat{\beta}_0, \hat{\beta}_1, \frac{1}{n}\sum_{i=1}^{n} \hat{\epsilon}_i$ となることが知られています。最大対数尤度はパラメタを最尤推定量にしたときの観測値の対数尤度でしたので、最大対数尤度は $N(\hat{y}, \frac{1}{n}\sum_{i=1}^{n} \hat{\epsilon}_i)$ の密度関数を $f(x)$ として

$$\sum_{i=1}^{n} \log f(y_i)$$

と求めることができます。

12.3 モデルの選択

In [39]:

```
rv = stats.norm(y_hat, np.sqrt(unexp_var / n))
mll = np.sum(np.log(rv.pdf(y)))
mll
```

Out[39]:

```
-76.325
```

最大対数尤度は値が大きいほどモデルへの当てはまりがいいと考えることができます。それぞれのモデルの対数尤度は次のようになっています。

- 期末テスト ~ 小テスト: -76.325

- 期末テスト ~ 小テスト + 睡眠時間: -73.497

- 期末テスト ~ 小テスト + 睡眠時間 + 通学方法: -72.368

最大対数尤度を基準にすると、変数が全部入ったモデルが一番適合度が高いということになりました。最大対数尤度も説明変数を増やすと、値が増えるという特徴を持っています。

AIC

対数尤度はモデルの当てはまりの良さを表しますが、その指標は意味のない説明変数を増やすことでも増加してしまいます。対数尤度のような当てはまり良さを基準にすると、汎化性能の悪いモデルが選ばれてしまうということは本節の冒頭に述べたとおりです。そのため、モデルの複雑さ（説明変数の数）とデータへの適合度とのバランスをとった指標が必要になってきます。それが AIC です。AIC は汎化的な性能も考慮に入れた指標のため、予測の良さのための指標といえます。実際のモデル選択もこの AIC によって行われる場合が多いです。

AIC は流儀によって求め方が異なりますが、ここでは statsmodels の出力に合わせ次のように定義します。

$$AIC = -2 \times 最大対数尤度 + 2 \times 回帰係数の数$$

AIC は最大対数尤度に回帰係数の数をペナルティとして付け加えることで、むやみに説明変数の増えたモデルがよいモデルとして選ばれないようにしてあると解釈できます。

それでは定義どおり AIC を求めてみましょう。

```
In [40]:
  aic = -2 * mll + 2 * (p+1)
  aic
```

```
Out[40]:
  156.650
```

AIC は値が小さいほどモデルの予測の精度がいいと考えることができます。それぞれのモデルの AIC は次のようになっています。

- 期末テスト ~ 小テスト: 156.7
- 期末テスト ~ 小テスト + 睡眠時間: 153.0
- 期末テスト ~ 小テスト + 睡眠時間 + 通学方法: 154.7

AIC を基準にすると、説明変数に小テストと睡眠時間を用いるモデルが一番よいモデルということになりました。

ベイズ情報量規準

ベイズ情報量規準 (Bayesian information criterion, BIC) は AIC と類似の指標です。BIC は回帰係数の数に加え、さらにサンプルサイズ n に対してもペナルティを加えたものとなっています。

$$BIC = -2 \times 最大対数尤度 + \log n \times 回帰係数の数$$

```
In [41]:
  bic = -2 * mll + np.log(n) * (p+1)
  bic
```

```
Out[41]:
  158.642
```

BIC も AIC 同様、値が小さいほどモデルの予測の精度がいいと考えます。それぞれのモデルの BIC は次のとおりです。

- 期末テスト ~ 小テスト: 158.6

- 期末テスト ~ 小テスト + 睡眠時間: 156.0

- 期末テスト ~ 小テスト + 睡眠時間 + 通学方法: 159.7

BIC を基準にすると、説明変数に小テストと睡眠時間を用いるモデルが一番よいモデルということになりました。

12.4 モデルの妥当性

最後にモデルの妥当性について説明します。モデルの妥当性とは、最初に回帰分析に関して立てた「誤差項 ϵ_i は互いに独立に $N(0, \sigma^2)$ に従う」という仮定が満たされているかどうかのチェックです。statsmodels では分析結果の下の部分にモデルの妥当性について出力されています。本節では、その表の見方について説明していきます。

ここでは前節で AIC を基準によいモデルと判断された、説明変数に小テストと睡眠時間を使った重回帰モデルの結果を使って説明していきます。重回帰モデルの結果をふたたび出力しましょう。ここには結果の下部分のみを掲載します。

In [42]:
```
formula = '期末テスト ~ 小テスト + 睡眠時間'
result = smf.ols(formula, df).fit()
result.summary()
```

Out[42]:

```
==============================================================
Omnibus:              2.073    Durbin-Watson:        1.508
Prob(Omnibus):        0.355    Jarque-Bera (JB):     1.716
Skew:                 0.660    Prob(JB):             0.424
Kurtosis:             2.437    Cond. No.             38.0
==============================================================
```

誤差項 ϵ_i に関するチェックなので、分析対象となるのは残差 $\hat{\epsilon}_i$ です。

In [43]:
```
eps_hat = np.array(result.resid)
```

12.4.1　正規性の検定

ここでは誤差項 ϵ_i が $N(0, \sigma^2)$ に従うという仮定が妥当であったかを調べるため、残差 $\hat{\epsilon}_i$ が正規分布に従っているかを確かめる正規性の検定を行います。

statsmodels では正規性の検定として Omnibus 検定と Jarque-Bera 検定が使われます。これらの検定統計量は Omnibus と Jarque-Bera (JB) にそれぞれ出力されています。詳しい検定方法は割愛しますが、これらの検定はどちらも

- 帰無仮説: 残差項は正規分布に従っている
- 対立仮説: 残差項は正規分布には従っていない

という仮説検定を行っています。つまり、これら検定の p 値である Prob(Omnibus) や Prob(JB) が有意水準である 0.05 より大きければ特に問題はありません。

また、Skew と Kurtosis はそれぞれ歪度と尖度と呼ばれるもので、平均や分散と同じようにデータの特徴を表す指標です。これらの指標を見ることでも正規性を確かめることができます。

歪度 (skewness) は分布の左右対称さを測る指標で、次の式で計算される値です。

$$\sum_i^n \left(\frac{x - \overline{x}}{S}\right)^3$$

歪度は正規分布のような左右対称な分布であれば 0 になり、カイ二乗分布のように右に歪んだ分布であれば 0 より大きく、逆に左に歪んだ分布のときは 0 より小さい値となります。そのため歪度を見ることで分布が左右対称がどうかということを判断できます。歪度は stats.skew で計算できます。

In [44]:
```
stats.skew(eps_hat)
```

Out[44]:
```
0.660
```

尖度 (kurtosis) は分布の尖り具合を測る指標で、次の式で計算されます。

$$\sum_i^n \left(\frac{x - \overline{x}}{S}\right)^4$$

尖度は正規分布であれば 3 になり、正規分布より尖ったピークをもつ分布だと 3 より大きく、正規分布よりも丸みがかかったピークをもつ分布だと 3 より小さい値となります。流

儀によっては正規分布の尖度が 0 となるように、上に示した定義から 3 を引いたものを尖度とする場合があります。ここでは statsmodels の出力に合わせて正規分布の尖度が 3 となる定義にしました。ここで定義した尖度は `stats.kurtosis` の引数 `fisher` を `False` にすることで計算できます。

In [45]:
```
stats.kurtosis(eps_hat, fisher=False)
```

Out[45]:

2.437

12.4.2 ダービン・ワトソン比

ダービン・ワトソン比 (Durbin-Watson ratio) は異なる誤差項が互いに無相関であることをチェックする指標で、扱っているデータが時系列データである場合に特に重要です。ダービン・ワトソン比は次の式で計算されます。

$$\frac{\sum_{i=2}^{n}(\hat{\epsilon}_i - \hat{\epsilon}_{i-1})^2}{\sum_{i=1}^{n}\hat{\epsilon}_i^2}$$

ダービン・ワトソン比は 0 から 4 の値をとり、0 に近ければ正の相関が、4 に近ければ負の相関が、2 前後であれば無相関であると判断します。

In [46]:
```
np.sum(np.diff(eps_hat, 1) ** 2) / np.sum(eps_hat ** 2)
```

Out[46]:

1.508

12.4.3 多重共線性

最後に Cond. No. ですが、これは条件数と呼ばれるもので多重共線性をチェックする指標です。多重共線性とは説明変数間で非常に強い相関が生じていることを指し、多重共線性が酷いと回帰係数の分散が大きくなりモデルの予測結果が悪くなってしまうことが知られています。

ここでは極端な例として、小テストの結果をただ 2 倍しただけの中テストという変数を加えてみましょう。当然ながら小テストと中テストの相関係数は 1 となり、このデータは

重度の多重共線性をもつことになります。

In [47]:
```
df['中テスト'] = df['小テスト'] * 2
df.head()
```

Out[47]:

	小テスト	期末テスト	睡眠時間	通学方法	中テスト
0	4.2	67	7.2	バス	8.4
1	7.2	71	7.9	自転車	14.4
2	0.0	19	5.3	バス	0.0
3	3.0	35	6.8	徒歩	6.0
4	1.5	35	7.5	徒歩	3.0

このとき説明変数を小テストと中テストにして分析してみます。このときの条件数はどうなっているでしょうか。ここでは結果の下部のみを掲載しています。

In [48]:
```
formula = '期末テスト ~ 小テスト + 中テスト'
result = smf.ols(formula, df).fit()
result.summary()
```

Out[48]:

```
==============================================================
Omnibus:             2.139    Durbin-Watson:           1.478
Prob(Omnibus):       0.343    Jarque-Bera (JB):        1.773
Skew:                0.670    Prob(JB):                0.412
Kurtosis:            2.422    Cond. No.             1.22e+17
==============================================================
```

条件数が $1.22e+17$ という非常に大きな数となっています。このように多重共線性が生じていると、条件数は非常に大きな値となります。条件数がかなり大きな数になっているときは多重共線性を疑ってみるべきでしょう。そして、その場合は一方の変数をモデルから外すことが解決策として考えられます。

索引 | INDEX

数字
2 値変数 5
2 標本問題 245

A
AIC 293
ANOVA 293

B
BIC 298

C
CDF 84, 130

F
F 検定 292
F 分布 173

I
i.i.d. 178

O
OLS 276

P
PDF 125
PMF 81
p 値 232

R
RSS 275

T
t 検定
 1 標本の— 243
 対応のある— 246
 対応のない— 249
 —統計量 243
t 分布 169

Z
Z スコア 28

あ
赤池情報量規準 293

い
一致推定量 206
一致性 206

う
ウィルコクソンの符号付き順位検定
  251

お
応答変数 269

か
回帰係数 272
回帰直線 53, 272
回帰分析 269
回帰変動 289
階級 30
階級数 30
階級値 32
階級幅 30
カイ二乗検定 261
カイ二乗分布 165
過学習 287
確率 67
 —質量関数 81
 —分布 69
 —変数 68
 —密度関数 125
 —モデル 67
片側検定 236
間隔尺度 5
観測度数 264

き
幾何分布 114
棄却域 231
基準化変量 28
期待値 86
期待度数 264
帰無仮説 231
共分散 44
共分散行列 47

く
区間推定 78
クロス集計表 262

け
決定係数 289
 自由度調整済み— 291
検出漏れ 239
検出力 240
検定統計量 231

こ
誤検出 238
誤差項 271
根元事象 68

さ
最小二乗法 276
再生性 185
採択域 231
最頻値 16
最尤推定法 295
残差 275
残差二乗和 275
残差変動 289
散布図 44
サンプルサイズ 63

し
シグマ区間 25
試行 68
事象 68
指数分布 161
実現値 68
質的変数 4
四分位範囲 26
尺度水準 5
重回帰モデル 282
自由度 208
周辺確率分布 95
周辺確率密度関数 141
順序尺度 5
信頼区間 211

す
推定値 63
推定量 63

せ
正規化 27
正規分布 152
  標準— 153
説明変数 269
尖度 300
全変動 289

そ
相関
 —行列 50
 —係数 49
 正の— 43

負の— 43
　　　無— 43
　　相対度数 32

た
ダービン・ワトソン比 301
大数の法則 197
代表値 12
対立仮説 231
互いに排反 68
ダミー変数 285
単回帰モデル 269

ち
中央値 14
中心極限定理 195

て
点推定 78

と
統計的仮説検定 229
同時確率関数 92
同時確率分布 91
同時確率密度関数 138
独立性 179
独立性の検定 261
独立同一分布 178
度数 30
度数分布表 30

に
二項分布 110

は
箱ひげ図 39
範囲 25

ひ
ヒストグラム 34
非復元抽出 65
標準化 28
標準誤差 210
標準偏差 23
標本 63
　　—抽出 63
　　—統計量 63
　　—の大きさ 63
比例尺度 5

ふ
復元抽出 65
不偏推定量 206
不偏性 206
不偏分散 208
分散 21
分散分析 293

へ
平均値 12
ベイズ情報量規準 298
ベルヌーイ分布 106
偏差 17

ほ
ポアソン分布 118
母集団 63
母数 63

ま
マン・ホイットニーのU検定 .257

む
無作為抽出 64

め
名義尺度 5

ゆ
有意 231
有意水準 231
有効性 207
尖度 293
　　—関数 294

よ
予測値 275

り
離散型 6
両側検定 236
量的変数 5
臨界値 231

る
累積相対度数 32
累積分布関数 84, 130

れ
連続型 6

わ
歪度 300

参考文献

- 辻真吾 (2018)『Python スタートブック [増補改訂版]』, 技術評論社
- Bill Lubanovic, 長尾高弘 訳, 斎藤康毅 監訳 (2015)『入門 Python3』, オライリー・ジャパン
- 池内孝啓・片柳薫子・岩尾 エマ はるか・@ driller (2017)『Python ユーザのための Jupyter[実践] 入門』, 技術評論社
- 倉田博史・星野崇宏 (2009)『入門統計解析』, 新世社
- 藤田岳彦 (2010)『弱点克服 大学生の確率・統計』, 東京図書
- Sarah Boslaugh, 黒川利明・木下哲也・中山智文・元藤孝・樋口匠 訳 (2015)『統計クイックリファレンス』, オライリー・ジャパン
- 栗原伸一・丸山敦史 (2017)『統計学図鑑』, オーム社
- 馬場真哉 (2018)『Python で学ぶ 新しい統計学の教科書』, 翔泳社

プロフィール

■辻真吾（つじ しんご）
1975年東京都生まれ。東京大学工学部計数工学科数理工学コース卒業。2000年3月大学院修士課程を修了後，創業間もないIT系ベンチャー株式会社いい生活に入社し，技術担当の一人としてJavaを使ったWebアプリ開発に従事。その後，東京大学先端科学技術研究センターゲノムサイエンス分野にもどり，生命科学と情報科学の融合分野であるバイオインフォマティクスに関する研究で，2005年に博士（工学）を取得。現在は，同研究センターの特任助教として勤務する傍ら，「みんなのPython勉強会」を主催するなど，Pythonの普及活動にも力を入れている。

■谷合廣紀（たにあい ひろき）
1994年東京都生まれ。2019年に東京大学大学院情報理工学系研究科修士課程を修了。現在、同研究科の博士課程1年。将棋のプロ棋士を目指しており奨励会の三段リーグに在籍中。監修者とは、将棋界のトップ棋士の1人、行方尚史八段を通じて知り合った。この出会いをきっかけにデータサイエンスに興味を持ちPythonの勉強をはじめ、今ではPythonに触れない日はない。統計検定準1級、Kaggle Recruit Challenge for Student 2017 1位、SIGNATE AIエッジコンテスト セグメンテーション部門2位、自動運転AIチャレンジ優秀賞。

カバー・本文デザイン　北田進吾（キタダデザイン）
　　　編　集　高屋卓也
　　組版協力　加藤文明社

本書サポート：
　　https://github.com/ghmagazine/python_stat_sample
技術評論社 Web サイト：
　　https://gihyo.jp/book/

Pythonで理解する統計解析の基礎

2018 年 10 月 5 日　初　版　第 1 刷発行
2019 年 10 月 17 日　初　版　第 2 刷発行

監　修　辻　真吾
著　者　谷合廣紀
発行者　片岡　巌
発行所　株式会社技術評論社
　　　　東京都新宿区市谷左内町 21-13
　　　　電話 03-3513-6150 販売促進部
　　　　　　 03-3513-6177 書籍編集部
印刷／製本　株式会社加藤文明社

定価はカバーに表示してあります

本書の一部または全部を著作権法の定める範囲を超え、無断で複写、複製、転載、テープ化、ファイルに落とすことを禁じます。

© 2018 谷合廣紀、辻真吾

ISBN978-4-297-10049-0 C3055
Printed in Japan

[お問い合わせについて]
■本書に関するご質問は記載内容についてのみとさせていただきます。本書の範囲を超える事柄についてのお問い合わせには一切応じられませんので、あらかじめご了承ください。なお、本書についての電話によるお問い合わせはご遠慮ください。質問などがございましたら、下記まで FAX または封書でお送りくださいますようお願いいたします。

〒162-0846
東京都新宿区市谷左内町 21-13
株式会社技術評論社書籍編集部
FAX：03-3513-6177
「Python で理解する統計解析の基礎」係

造本には細心の注意を払っておりますが、万一、乱丁（ページの乱れ）や落丁（ページの抜け）がございましたら、小社販売促進部までお送りください。送料小社負担にてお取り替えいたします。